Adobe
Photoshop CC
课堂实录

纪铖　杨柳　曲悠扬　主编

清華大学出版社
北京

内 容 简 介

本书以 Photoshop 软件为载体，以知识应用为中心，对平面设计知识进行了全面阐述。书中每个案例都给出了详细的操作步骤，同时还对操作过程中的设计技巧进行了描述。

全书共 13 章，遵循由浅入深、循序渐进的思路，依次对平面设计入门知识、专业术语、相关软件协同应用、Photoshop CC 的基础操作、图像选区的创建、路径的应用、图像的绘制与修饰、图层的应用、文字工具的应用、图像色彩的调整、通道与蒙版的应用、滤镜的应用、动作与自动化等内容进行了详细讲解。最后通过制作海报、宣传画册、网站页面等案例，对前面所学的知识进行了综合应用，以达到举一反三、学以致用的目的。

本书结构合理，思路清晰，内容丰富，语言简练，解说详略得当，既有鲜明的基础性，也有很强的实用性。

本书既可作为高等院校相关专业的教学用书，又可作为平面设计爱好者的学习用书，同时还可作为社会各类 Photoshop 软件培训班的首选教材。

图书在版编目(CIP)数据

Adobe Photoshop CC课堂实录 / 纪铖，杨柳，曲悠扬主编. —北京：清华大学出版社，2021.1

ISBN 978-7-302-56735-6

Ⅰ.①A… Ⅱ.①纪… ②杨… ③曲… Ⅲ.①图像处理软件 Ⅳ.①TP391.413

中国版本图书馆CIP数据核字（2020）第210747号

责任编辑：李玉茹
封面设计：杨玉兰
责任校对：王明明
责任印制：丛怀字

出版发行：清华大学出版社

　　　　网　　　址：http://www.tup.com.cn，http://www.wqbook.com
　　　　地　　　址：北京清华大学学研大厦A座　　　　　邮　　编：100084
　　　　社 总 机：010-62770175　　　　　　　　　　　邮　　购：010-62786544
　　　　投稿与读者服务：010-62776969，c-service@tup.tsinghua.edu.cn
　　　　质量反馈：010-62772015，zhiliang@tup.tsinghua.edu.cn

印 装 者：三河市龙大印装有限公司

经　　销：全国新华书店

开　　本：200mm×260mm　　　　　印　　张：17.5　字　数：423千字

版　　次：2021年1月第1版　　　　　印　　次：2021年1月第1次印刷

定　　价：79.00 元

产品编号：089275-01

序 言

数字艺术设计是指通过数字化手段和数字工具实现创意和艺术创作的全新职业技能，广泛应用于文化创意、新闻出版、艺术设计等相关领域，并覆盖移动互联网应用、传媒娱乐、制造业、建筑业、电子商务等行业。

ACAA意为联合数字创意和设计相关领域的国际厂商、龙头企业、专业机构和院校，为数字创意领域人才培养提供最前沿的国际技术资源和支持，是中国教育发展战略学会教育认证专业委员会常务理事单位。

ACAA二十年来始终致力于数字创意领域，在国内率先制定数字创意领域数字艺术设计技能等级标准，填补该领域空白，依据职业教育国际合作项目成立"设计类专业国际化课改办公室"，积极参与"学历证书+若干职业技能等级证书"相关工作，目前是Autodesk中国教育管理中心。

ACAA在数字创意相关领域具有显著的品牌辨识度和影响力，并享有独立的自主知识产权，先后为Apple、Adobe、Autodesk、Sun、Redhat、Unity、Corel等国际软件公司提供认证考试和教育培训标准化方案，经过二十年市场检验，获得了充分肯定。

二十年来，通过ACAA数字艺术设计培训和认证的学员，有些已成功创业，有些成为企业骨干力量。众多考生通过ACAA数字艺术设计师资格，或实现入职，或实现加薪、升职，企业还可以通过高级设计师资格完成资质备案，来提升企业竞标成功率。

ACAA系列教材旨在为院校和学习者提供更为科学、严谨的学习资源，我们致力于把最前沿的技术和最实用的职业技能评测方案提供给院校和学习者，促进院校教学改革，提升教学质量，助力产教融合，帮助学习者掌握新技能，强化职业竞争力，助推学习者的职业发展。

ACAA教育\Autodesk中国教育管理中心

(设计类专业国际化课改办公室)

主任：王 东

前　言

本书内容概要

　　Photoshop 是 Adobe 公司推出的一款图像处理软件，具有编辑修改、图像制作、广告创意和图像输入与输出等功能，被广泛应用于平面设计、广告摄影、网页制作等领域。本书从软件的基础知识讲起，循序渐进地对软件功能进行全面论述，让读者充分熟悉软件的各大功能。同时，结合各领域的实际应用，进行案例展示和制作，并对行业相关知识进行深度剖析，以辅助读者完成各项平面设计工作。每个章节结尾处都安排了针对性的练习测试题，以实现学习成果的自我检验。本书分为三大篇共 13 章，其主要内容如下。

篇	章节	内容概述
学习准备篇	第 1 章	主要讲解色彩的基础知识、Photoshop 软件的应用领域和工作界面、图像的专业术语和相关软件协同应用
理论知识篇	第 2 ～ 10 章	主要讲解 Photoshop 软件的入门知识、选区和路径的应用、图像的绘制与修饰、图层的应用、文本的应用、图像色彩的调整、通道和蒙版的应用、滤镜的应用、动作和自动化
实战案例篇	第 11 ～ 13 章	主要讲解海报、宣传画册和网站页面的相关知识和设计案例制作

系列图书一览

本系列图书既注重单个软件的实操应用，又看重多个软件的协同办公，以"理论＋实操"为创作模式，向读者全面阐述了各软件在设计领域中的强大功能。在讲解过程中，结合各领域的实际应用，对相关的行业知识进行了深度剖析，以辅助读者完成各种类型的设计工作。正所谓要"授人以渔"，读者不仅可以掌握这些设计软件的使用方法，还能利用它独立完成作品的创作。本系列图书包含以下图书作品：

- ★ 《Adobe Photoshop CC 课堂实录》
- ★ 《Adobe Illustrator CC 课堂实录》
- ★ 《Adobe InDesign CC 课堂实录》
- ★ 《Adobe Dreamweaver CC 课堂实录》
- ★ 《Adobe Animate CC 课堂实录》
- ★ 《Adobe Premiere Pro CC 课堂实录》
- ★ 《Adobe After Effects CC 课堂实录》
- ★ 《CorelDRAW 课堂实录》
- ★ 《Photoshop CC + Illustrator CC 插画设计课堂实录》
- ★ 《Premiere Pro CC+After Effects CC 视频剪辑课堂实录》
- ★ 《Photoshop+Illustrator+InDesign 平面设计课堂实录》
- ★ 《Photoshop+Animate+Dreamweaver 网页设计课堂实录》

配套资源获取方式

本书由纪铖（黑龙江财经学院）、杨柳（哈尔滨学院）、曲悠扬（哈尔滨华德学院）编写。其中纪铖编写第 1~8 章，杨柳编写第 9~10 章，曲悠扬编写第 12~13 章。由于作者水平有限，书中难免出现疏漏与不妥之处，希望广大读者多多包涵，并批评指正，万分感谢！

本书配有素材、视频、课件，扫描以下二维码可以获取：

索取课件二维码 .doc　　　　素材 + 视频 .rar

CONTENTS
目录

第 3 章
选区与路径的应用

Adobe Photoshop CC 课堂实录

第 4 章

图像的绘制与修饰

目录

第 5 章
图层的应用

第 6 章
文本的应用

第 7 章
色彩与色调的调整

第 8 章
通道与蒙版的应用

第 9 章

滤镜的应用

第 10 章
动作与自动化

第 11 章
海报设计

第 12 章
宣传画册设计

第 13 章
网站页面设计

Adobe Photoshop CC 课堂实录

第 1 章

平面设计学前热身

内容导读

　　Photoshop 是一款操作方便、涉及领域较广的图像编辑软件。在正式学习 Photoshop 的操作技能之前，首先要对其相关的知识进行学习与了解，例如色彩、图像的专业术语、Photoshop 的应用领域以及工作界面等。

学习目标

- » 了解色彩的相关知识；
- » 了解 Photoshop 相关的软件；
- » 熟悉 Photoshop 的应用领域和工作界面；
- » 掌握 Photoshop 图像的专业术语。

1.1 关于色彩的基础知识

色彩作为设计的灵魂，是设计师在设计的过程中最重要的元素。此小节将从色彩的构成、色彩的属性、色彩的混合以及色彩平衡等方面进行讲解。

1.1.1 色彩构成

1. 色光的三原色

色光的三原色指的是红、绿、蓝。两两混合可以得到中间色：C（Cyan）青色、M（Magenta）品红色、Y（Yellow）黄色。三种等量组合可以得到白色。

2. 印刷的三原色

我们看到的印刷颜色，实际上是纸张反射的光线。颜料是吸收光线，不是光线的叠加，因此颜料的三原色就是能吸收 RGB 的颜色，即青、品红、黄，它们是 RGB 的补色。

1.1.2 色彩属性

色彩的重要来源是光，也可以说没有光就没有色彩，而太阳光被分解为红、橙、黄、绿、青、蓝、紫等颜色，如图 1-1 所示。

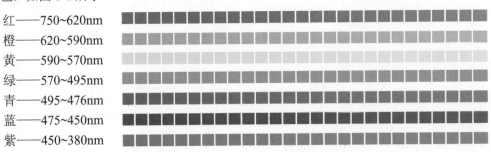

红——750~620nm
橙——620~590nm
黄——590~570nm
绿——570~495nm
青——495~476nm
蓝——475~450nm
紫——450~380nm

图 1-1

色彩由三种元素构成，即色相、明度、纯度（也称饱和度）。

1. 色相

色相即每种色的相貌、名称，如红、橘红、翠绿、湖蓝等。色相是区分色彩的主要依据，是色彩的重要特征之一。图 1-2 和图 1-3 所示为红花和绿叶。

图 1-2

图 1-3

2. 明度

明度即色彩的明暗差别，即色彩亮度。在有彩色系中，明度最高的是黄色，明度最低的是紫色，红、橙、蓝、绿属于中明度。在无彩色系中，明度最高的是白色，明度最低的是黑色。要使色彩明度提高，可加入白色，反之加入黑色。

根据孟塞尔色立体理论，把明度由黑到白的等差分成九个色阶，叫做"明调九度"，如图1-4所示。低调是以深色系1~3级为主调的称为低明度基调，具有沉静、厚重、迟钝、沉闷的感觉；中调是以中色系4~6级为主调的称为中明度基调，具有柔和、甜美、稳定、舒适的感觉；高调是以浅色系7~9级为主调的称为高明度基调，具有优雅、明亮、轻松、寒冷的感觉。

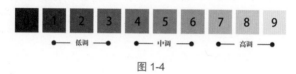

图 1-4

3. 纯度

纯度即各色彩中包含的单种标准色成分的多少。纯色的色感强，即色度强，所以纯度也是色彩感觉强弱的标志。其中红、橙、黄、绿、蓝、紫等的纯度最高，无彩色系中的黑、白、灰的纯度几乎为零。图1-5和图1-6所示为高纯度蓝色和低纯度蓝色。

图 1-5   图 1-6

■ 1.1.3 色彩混合

所谓色彩混合是指某一色彩中混入另一种色彩，两种不同的色彩混合，可获得第三种色彩。

1. RGB 加色混合

两种或两种以上的色光同时反映于人眼，视觉会产生另一种色光的效果，这种色光混合产生综合色觉的现象称为色光加色法或色光的加色混合。当三原色同时混合在一起时，会变成白色。

RGB 模式就是根据加色原理制定的，主要用于电子显示设备，在许多图形图像软件中提供了此色彩的调配功能。

加色混合具有以下规律：

红光 + 绿光 = 黄光；

红光 + 蓝光 = 品红光；

蓝光 + 绿光 = 青光；

红光 + 绿光 + 蓝光 = 白光。

加色混合示意图如图1-7所示。

图 1-7

2．CMYK 减色混合

减色混合指不能发光，却能将照射来的光吸掉一部分，将剩下的光反射出去的色料的混合。色料混合之后形成的新色料，一般都能增强吸光的能力，削弱反光的亮度。在投照光不变的条件下，新色料的反光能力低于混合前的色料的反光能力的平均数，明度降低，纯度也降低。当三原色同时混合在一起时，会变成黑色。CMYK 模式是根据减法混色原理制定的，主要用于色彩印刷领域。

减色混合具有以下规律：

青色＋品红色＝蓝色；

青色＋黄色＝绿色；

品红色＋黄色＝红色；

品红色＋黄色＋青色＝黑色。

减色混合示意图如图 1-8 所示。

图 1-8

■ 1.1.4 认识色相环

色相环通常包括 12 种不同的颜色，包括原色、间色、复色、类似色、邻近色、互补色和对比色等。

1．原色

原色是指通过其他色彩的混合调配得出的基本色。颜料的三原色是红、黄、蓝，原色是色环中所有颜色的"父母"，三原色是平均分布在色相环中的，如图 1-9 和图 1-10 所示。

2．间色

间色又称为第二次色，三原色中的任意两种原色相互混合而成。如红色＋黄色＝橙色；红色＋蓝色＝紫色；黄色＋蓝色＝绿色。根据比例不同，间色也随之变化，如图 1-11 和图 1-12 所示。

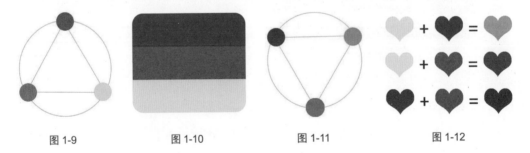

图 1-9　　　　　图 1-10　　　　　图 1-11　　　　　图 1-12

3．复色

复色又称为第三次色，由一个原色和一个间色混合而成。复色的名称一般由两种颜色组成，如黄橙、黄绿、蓝紫等，如图 1-13 和图 1-14 所示。

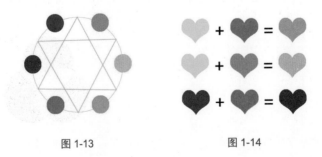

图 1-13　　　　　　　　图 1-14

4. 冷色和暖色

色彩学上根据心理感受，把颜色分为暖色（红、橙、黄）、冷色（绿、蓝）和中性色（紫、黑、灰、白）。暖色给人以热烈、温暖之感；冷色给人距离、凉爽之感，如图1-15~图1-17所示。

图 1-15

图 1-16

图 1-17

5. 类似色

色相环夹角为60°以内的色彩为类似色关系，其色相对比差异不大，给人统一、稳定的感觉，如图1-18和图1-19所示。

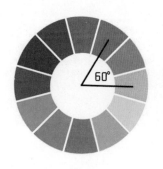

图 1-18

图 1-19

6. 邻近色

色相环中夹角为60°~90°的色彩为邻近色关系。如红色与黄橙色、青色与黄绿色等，在明度和纯度上可以构成较大反差效果，使画面更丰富、更有层次感，如图1-20和图1-21所示。

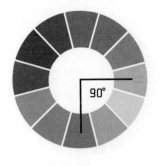

图 1-20

图 1-21

7. 互补色

色相环中夹角为180°的色彩为互补色关系。如红色与绿色、黄色与紫色、橙色与蓝色等，互补色有强烈的对比度，在高饱和颜色情况下，可以创作出震撼的效果，如图 1-22 和图 1-23 所示。

图 1-22   图 1-23

8. 对比色

色相环中夹角为 120° 左右的色彩为对比色关系。这种搭配使画面具有矛盾感，矛盾越鲜明，对比越强烈，如图 1-24 和图 1-25 所示。

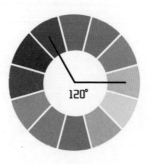

图 1-24   图 1-25

知识点拨

十二色相环是由原色（红、黄、蓝），二次色（橙、紫、绿）和三次色（红橙、黄橙、黄绿、蓝绿、蓝紫、红紫）组合而成，如图 1-26 所示。

二十四色相环是奥斯特瓦尔德颜色系统的基本色相，黄、橙、红、紫、蓝、蓝绿、绿、黄绿 8 个为主要色相，每个基本色相又分为 3 个部分组合而成，如图 1-27 所示。

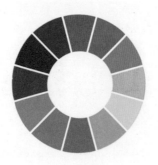

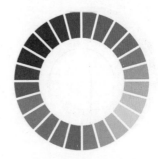

图 1-26   图 1-27

■ 1.1.5 色彩平衡

色彩搭配当中，最重要的三个概念就是主色、辅助色和点缀色，这三种色彩组成了一幅画面的所有色彩。正是有了主色作为主基调，辅助色与点缀色才使得整个画面变得美妙，如图 1-28 和图 1-29 所示。

图 1-28   图 1-29

1．主色

主色，就是最主要的颜色，也就是在色彩中占据面积最多的色彩，若将其标准化，需要占到全部面积的 50%~60%。主色是整幅画面的基调，决定了画面的主题，辅助色和点缀色都需要围绕着它来进行选择与搭配。

2．辅助色

辅助色的主要目的就是衬托主色，需要占到全部面积的 30%~40%。正常情况下，辅助色比主色略浅，不会给人头重脚轻、喧宾夺主的感觉。比如主色是深蓝色，辅助色可能会使用绿色进行搭配。

3．点缀色

点缀色的面积虽小但却是画面中最吸引眼球的"点睛之笔"，其面积一般只占到整幅画面的 15% 以下。一幅完美的画面除了有恰当的主色和辅助色的搭配，还要有亮眼的点缀色进行"点睛"。

1.2 Photoshop 概述

Adobe Photoshop 简称 PS，是由 Adobe Systems 开发和发行的图像处理软件。Photoshop 是 Adobe 公司旗下最为出名的图像编辑软件之一。

■ 1.2.1 Photoshop 的应用领域

Photoshop 的应用领域很广泛，在插画、包装、网页、出版、图像处理等各方面都有涉及。Photoshop 很大程度上满足了人们对视觉艺术高层次的追求。

1．平面设计

平面设计是 Photoshop 应用最为广泛的领域，无论是我们正在阅读的图书封面，还是大街上看到的宣传单、海报、广告牌，这些具有丰富图像的平面印刷品，基本上都需 Photoshop 软件对图像进行编辑处理，如图 1-30 和图 1-31 所示。

图 1-30 图 1-31

2. 插画设计

Photoshop 具有很好的绘画与调色功能，许多插画设计师通常会使用铅笔绘制草稿，然后用 Photoshop 来绘制。这样不仅可以得到逼真的传统绘画效果，还可以制作出一般画笔无法实现的特殊效果，如图 1-32 和图 1-33 所示。

图 1-32 图 1-33

3. 包装设计

包装作为产品的第一形象最先展现在顾客眼前，被称为"无声的销售员"。

不同产品的包装方向和需求是不同的。使用 Photoshop 的绘图功能可以赋予产品不同的质感效果，凸显产品形象，从而达到吸引顾客的目的，如图 1-34 和图 1-35 所示。

图 1-34 图 1-35

4. 网页制作

网络的普及提高了人们对网页审美的要求，不管是网站首页的建设还是链接界面的设计，或是图标的设计和制作，都可以借助 Photoshop 来处理照片、合成图像以及表现质感，让网站的色彩和质感表现得更为具体，更为独特。Photoshop 也使得网站的设计与制作更为灵活，如图 1-36 和图 1-37 所示。

图 1-36

图 1-37

5. 艺术文字

利用 Photoshop 对文字进行创意设计，可以使文字变得更加美观、个性，加大文字的感染力，增加图像视觉效果，如图 1-38 和图 1-39 所示。

图 1-38

图 1-39

6. 视觉创意

视觉创意是设计艺术的一个分支，此类设计通常没有非常明显的商业目的，因此越来越多的设计爱好者开始学习 Photoshop，将不同的对象组合在一起，使图像发生巨大的变化，引发观者的无限联想，带来视觉上的享受，如图 1-40 和图 1-41 所示。

7. 图片处理

Photoshop 具有强大的图像修饰修复功能。利用这些功能，可以快速修复破损的老照片，也可以修复人脸上的瑕疵。随着数码电子产品的普及，图形图像处理技术被越来越多地应用在美化照片和修复损毁的图片等方面，如图 1-42 和图 1-43 所示。

图 1-40

图 1-41

图 1-42

图 1-43

■ 1.2.2 认识 Photoshop 工作界面

　　随着 Photoshop 版本的不断升级，其工作界面布局也更加合理化、人性化。启动 Photoshop 软件，打开一个图像文件，进入其工作界面。Photoshop 的工作界面主要包括菜单栏、工具箱、状态栏、属性栏、浮动面板以及图像编辑窗口，如图 1-44 所示。

图 1-44

1. 菜单栏

菜单栏由"文件""编辑""文字""图层"和"选择"等 11 个菜单组成，如图 1-45 所示。单击相应的主菜单按钮，即可打开子菜单，在子菜单中单击某一项菜单命令即可执行该操作。

图 1-45

2. 工具箱

默认情况下，工具箱位于工作区左侧，单击工具箱中的工具图标，即可使用该工具。部分工具图标的右下角有一个黑色小三角图标，表示为一个工具组，长按工具按钮不放，即可显示工具组的全部工具。

3. 属性栏

属性栏位于菜单栏下方，主要用来设置工具的参数，不同的工具其属性栏也不同。如图 1-46 所示为画笔工具属性栏。

图 1-46

4. 标题栏和状态栏

打开一个文件后，Photoshop 会自动创建一个标题栏。在标题栏中会显示这个文件的名称、格式、窗口缩放比例以及颜色模式等。

状态栏位于图像窗口的底部，用于显示当前文档的缩放比例、文档尺寸大小信息等。单击状态栏中的三角形图标 〉，可以设置要显示的内容。

5. 图像编辑窗口

图像编辑窗口是用来绘制、编辑图像的区域。其灰色区域是工作区，上方是标题栏，下方是状态栏，如图 1-47 所示。

6. 面板组

面板主要是用来配合图像的编辑、对操作进行控制以及设置参数等，每个面板的右上角都有一个菜单按钮 ≡，单击该按钮即可打开该面板的设置菜单。常见的面板有"图层"面板、"属性"面板、"通道"面板、"动作"面板、"历史记录"面板和"颜色"面板等。如图 1-48 所示为"属性"面板。

图 1-47

图 1-48

1.3 关于图像的专业术语

下面将对常用的设计专业术语进行介绍。

1.3.1 像素与分辨率

1. 像素

像素是构成图像的最小单位，是图像的基本元素。若把影像放大数倍，会发现这些连续色调其实是由许多色彩相近的小方点所组成，如图 1-49 和图 1-50 所示。这些小方点就是构成影像的最小单位"像素"（Pixel）。图像像素点越多，色彩信息越丰富，效果就越好。

图 1-49

图 1-50

2. 分辨率

分辨率是指单位长度内所含像素点的数量，单位为"像素 / 英寸"（dpi）。分辨率是屏幕图像的精密度，是指显示器所能显示的像素的多少。图像的分辨率可以改变图像的精细程度，直接影响图像的清晰度，图像的分辨率越高，图像的清晰度也就越高，图像占用的存储空间也越大。如图 1-51 和图 1-52 所示分别为分辨率为 300dpi 和分辨率为 72dpi 的图像。

图 1- 51

图 1-52

Adobe Photoshop CC 课堂实录

知识点拨

分辨率的相关知识

◎ 图像分辨率：指的是一幅具体作品的品质高低，通常使用像素点的多少来加以区分。在图像内容相同的情况下，像素点越多，品质就越高。

◎ 显示分辨率：表示显示器清晰程度，通常是以显示器的扫描点的多少来加以区分，如 1024×768、1280×1024、1920×1200 等。它与屏幕大小无关。

◎ 扫描分辨率：指的是扫描仪的采样精度或采样频率，一般用 ppi 或 dpi 表示，ppi 值越大，图像的清晰度就越高。

◎ 打印分辨率：指的是打印机在单位距离上所能记录的点数，因此一般也用 ppi 来表示分辨率的高低。

■ 1.3.2　位图与矢量图

1. 位图

位图也叫点阵图或栅格图，它由像素或点的网格组成。与矢量图形相比，位图图像可以精确地记录图像色彩的细微层次，弥补了矢量图的缺陷。在执行缩放或旋转操作时容易失真。保存位图图像时需要记录每一点的位置和色彩数据，因此图像像素越多，文件就越大，占用的磁盘空间也就越大。

位图是连续色调图像，最常见的有数码照片和数字绘画。如果将这类图形放大到一定的程度，就会发现它是由一个个小方格组成的，这些小方格被称为像素点，如图 1-53 和图 1-54 所示。

图 1-53　　　　　　　　　　　　　　　　　　　　　　图 1-54

2. 矢量图

矢量图也叫矢量形状或矢量对象，在数学上定义为一系列由线连接的点。与位图不同的是，矢量图的每一个图像都是一个自成一体的实体，具有颜色、形状、轮廓、大小和屏幕位置等属性，所以矢量图和分辨率无关，任意移动或修改都不会影响细节的清晰度，如图 1-55 和图 1-56 所示。

比较有代表性的矢量绘图软件有 Adobe Illustrator、CorelDRAW、AutoCAD 等，矢量图形尤其适用于标志设计、图案设计、文字设计、版式设计等。

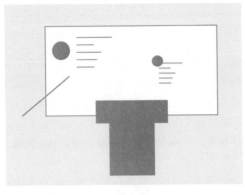
图 1- 55

图 1-56

1.3.3 常见的色彩模式

色彩模式是指同一属性下的不同颜色的集合。它能方便用户使用各种颜色，而不必在反复使用时对颜色进行重新调配。常用的模式包括：RGB 模式、CMYK 模式、Lab 模式、位图模式、灰度模式和索引模式等。每一种模式都有自己的优缺点及适用范围，并且各模式之间可以根据图像处理工作的需要进行转换。

1. RGB 模式

RGB 模式是一种发光屏幕的加色模式，主要用于屏幕显示。它源于有色光的三原色原理，其中，R（Red）代表红色、G（Green）代表绿色、B（Blue）代表蓝色，如图 1-57 所示。新建的 Photoshop 图像的默认色彩模式为 RGB 模式。

2. CMYK 模式

CMYK 是一种减色模式，主要用于印刷领域。CMYK 模式中，C（Cyan）代表青色、M（Magenta）代表品红色、Y（Yellow）代表黄色、K（Black）代表黑色，如图 1-58 所示。C、M、Y 分别是红、绿、蓝的互补色。由于 Black 中的 B 也可以代表 Blue（蓝色），所以为了避免歧义，黑色用 K 代表。

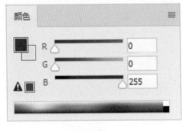
图 1-57

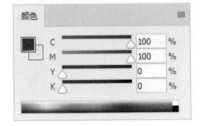
图 1-58

3. Lab 模式

Lab 模式是由 CIE（Commission International Eclairage）制定的一套标准，是最接近真实世界颜色的一种色彩模式。其中，L 表示亮度，亮度范围是 0~100，a 表示由绿色到红色的范围，b 代表由蓝色到黄色的范围，ab 范围是 -128~+127，如图 1-59 所示。该模式解决了由不同的显示器和打印设备所造成的颜色差异，这种模式不依赖于设备，它是一种独立于设备存在的颜色模式，不受任何硬件性能的影响。

4. HSB 模式

HSB 模式是基于人类对颜色的感觉而开发的模式，是最接近人眼观察颜色的一种模式。所有的颜色都用色相、饱和度以及亮度三个特性来描述，如图 1-60 所示。

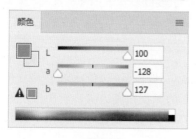
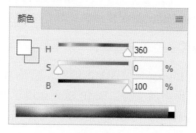

图 1-59 图 1-60

（1）色相。

色相（H）是人眼能看见的纯色。在 0~360 度的标准色轮上，色相是按位置度量的。如红色在 0 度、绿色在 120 度、蓝色在 240 度等。

（2）饱和度。

饱和度（S）即颜色的纯度或强度。饱和度表示色相中灰度成分所占的比例，用从 0%（灰）~100%（完全饱和）来度量。

（3）亮度。

亮度（B）是颜色的亮度，通常用 0%（黑）~100%（白）的百分比来度量。

5. 位图模式

位图模式是由黑白两种像素组成的图像模式。它有助于较为完善地控制灰度图的打印。只有灰度模式或多通道模式的图像才能转换为位图模式。因此，要把 RGB 模式转换为位图模式，应先转换为灰度模式，再由灰度模式转换为位图模式。

6. 灰度模式

灰度模式的图像中只存在灰度，而没有色度、饱和度等彩色信息。灰度模式共有 256 个灰度级别。灰度模式的应用十分广泛。在成本相对低廉的黑白印刷中，许多图像都采用了灰度模式。

7. 索引颜色模式

索引颜色模式是网上和动画中常用的图像色彩模式，当彩色图像转换为索引颜色图像模式后，将包含近 256 种颜色。

■ 1.3.4 常用的文件格式

在存储图像时，可以根据不同需要选择不同的文件格式，例如 PSD、PSB、BMP、GIF、EPS、JPEG、RAW、PNG 和 TIFF 等。

1. PSD 格式

PSD 格式是 Photoshop 软件自身的专用文件格式。PSD 格式支持蒙版、通道、路径和图层样式等所有 Photoshop 的功能，还支持 Photoshop 使用的任何颜色深度和图像模式。PSD 格式可以直接置入到 Illustrator、Premiere、Indesign 等 Adobe 软件中。

2．PSB 格式

PSB 格式是一种大型文档格式，可以支持最高达到 300000 像素的超大文件。其功能和 PSD 相同，但是此格式只能在 Photoshop 软件中打开。

3．BMP 格式

BMP 是英文 Bitmap（位图）的简写，它是 Windows 操作系统中的标准图像文件格式，能够被多种 Windows 应用程序所支持。BMP 格式运用了 RLE 的无损压缩方式，对图像质量不会产生影响。在 Photoshop 将图像存储为 BMP 格式时，会弹出"BMP 选项"对话框，如图 1-61 所示。

4．GIF 格式

GIF 格式是输出图形到网页最常用的格式，分为静态 GIF 和动态 GIF，支持透明背景图像，适用于多种操作系统。GIF 格式是将多幅图像保存为一个图像文件，从而形成动画效果，在 Photoshop 将图像存储为 BMP 格式时，将会弹出"索引颜色"对话框，如图 1-62 所示。

图 1-61

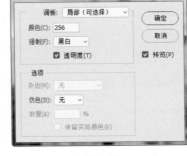
图 1-62

5．EPS 格式

EPS 是为 PostScript 打印机上输出图像而开发的文件格式，是带有预览图像的文件格式，是在排版中经常使用的文件格式。

6．JPEG 格式

JPEG 格式也是常见的一种图像格式，文件的扩展名为 .jpg 或 .jpeg，JPEG 具有调节图像质量的功能，可以用不同的压缩比例对这种文件进行压缩，压缩比例通常在 10:1~40:1 之间，压缩越大，品质越低；压缩越小，品质越高。

7．RAW 格式

RAW 是未经处理、未经压缩的格式，被形象地称为"数字底片"。它拥有很好的宽容度，能够更好地表现画面中的明暗区域，编辑后，能展现最佳的图像处理效果，是摄影和后期处理工作者常用的一种文件格式。

8．PNG 格式

PNG（Portable Network Graphics）是一种可以将图像压缩到 Web 上的文件格式。不同于 GIF 格式图像的是，它可以保存 24 位的真彩色图像，并且支持透明背景和消除锯齿边缘的功能，可以在不失真的情况下压缩保存图像。

9. TIFF 格式

TIFF（Tag Image File Format）格式是一种通用的文件格式。支持 RGB 模式、CMYK 模式、Lab 模式、位图模式、灰度模式和索引模式等色彩模式，常用于出版社和印刷业中。

1.4 相关设计软件

1. Adobe Photoshop Lightroom

Adobe Photoshop Lightroom 是 Adobe 研发的一款以后期制作为重点的图形工具软件，是数字拍摄工作流程中不可或缺的一部分，如图 1-63 所示。Lightroom 提供了使摄影效果最佳所需的编辑工具，包括提亮颜色、使灰暗的摄影更加生动、删除瑕疵等。

2. Adobe Illustrator

Adobe Illustrator 简称 AI，是著名的矢量图形软件，是一种应用于出版、多媒体和在线图像的工业标准矢量插画软件，如图 1-64 所示。该软件主要应用于印刷出版、海报书籍排版、专业插画、多媒体图像处理和互联网页面的制作等，也可以为线稿提供较高的精度和控制。

3. Adobe InDesign

Adobe InDesign 是用于印刷和数字媒体业界领先的排版和页面设计软件，如图 1-65 所示。它可以快速共享 PDF 中的内容和反馈。InDesign 具备创建和发布书籍、数字杂志、电子书、海报和交互式 PDF 等内容所需的一切。

4. CorelDRAW

该软件是 Corel 公司出品的矢量图形制作软件，该软件主要应用于矢量动画、页面设计、网站制作、位图编辑和网页动画等方面的制作，如图 1-66 所示。

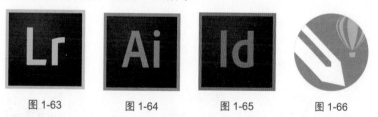

图 1-63　　　　图 1-64　　　　图 1-65　　　　图 1-66

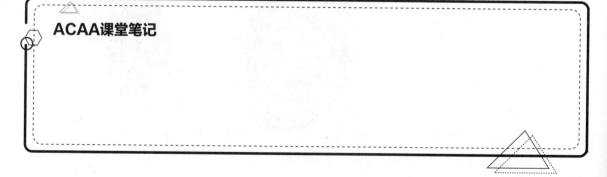

ACAA课堂笔记

设计是把一种计划、规划、设想通过视觉的形式传达出来的活动过程。它是集电脑技术、数字技术和艺术创意于一体的综合内容。平面设计也是为现代商业服务的艺术，平面设计作品在精神文化领域以其独特的艺术魅力影响着人们的情感与观念，在人们的日常生活中起着十分重要的作用。

1．了解平面设计的概念

平面设计又称视觉传达设计（Visual Communication Design），是指人们为了传递信息所进行的有关图像、文字、图形方面的设计。它具有艺术性和专业性，以"视觉"作为沟通和表现的方式，透过多种方式来创造符号、图片以及文字，借此来传达设计者的想法或信息的视觉表现。

2．掌握平面设计的要素

现代信息传播媒介可分视觉、听觉、视听觉三种类型，其中公众70%的信息是从视觉传达中获知的，如报纸、杂志、海报、路牌、灯箱等。这些以平面形态出现的视觉类信息传播媒介，均属于平面设计的范畴。

平面设计中的基本要素主要有三个：色彩、图形、文字。下面将对其进行具体介绍。

（1）色彩。

现代平面设计是由色彩、图形、文字三大要素构成，图像和文字都不能离开色彩的表现。色彩在平面设计作品上有着特殊的诉求力，直接影响着作品情绪的表达。色彩与受众的生理和心理反应密切相关。色彩的运用直接影响着受众对设计作品的注意力，如图1-67所示。

（2）图形。

图形是平面设计主要的构成要素，它能够形象地表现设计主题和设计创意。图形在平面设计中有着重要的地位，没有理想的图形，平面设计就显得苍白无力，因此图形成为设计的生命，如图1-68所示。

（3）文字。

文字是平面设计中不可或缺的构成要素，是对平面设计作品所传达意思的归纳和提示，起着画龙点睛的作用，它能够更有效地传达作者的意图，表达设计的主题和构想理念。因此，文字的排列组合、字体字号的选择和运用直接影响着版面的视觉传达效果，赋予版面审美价值，如图1-69所示。

图 1-67

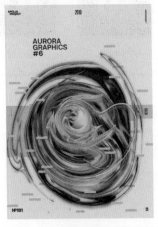
图 1-68

图 1-69

3. 了解艺术创意在平面设计中的地位

在平面设计中，艺术创意的运用有助于提高传达的信息效果，吸引公众的注意，使其产生浓厚的兴趣。一部新颖、形象、独特、耐人寻味的作品会在众多平庸的作品中脱颖而出，引起人们的关注，如图 1-70 和图 1-71 所示。

图 1-70　　　　　　　　　　　　　　　　图 1-71

4. 熟悉艺术创意的原则

创意是要具有新颖性和创造性的想法。在进行艺术创意的时候，要注意以下一些原则。

（1）原创性。

原创性意味着作品能够有效地与别人区别开来，必须是形式和内容的共同独创，它是真正意义上的发现与创造，而不是简单的模仿或者复制。

（2）关联性。

关联性是指表现对象之间要存在一定的内在联系，要打破人们习惯的心理定式，既要善于运用由点到面的发散型思维，也要善于运用由面到点的集聚型思维，还应充分运用正向、反向、横向等多向思维，进行全方位、多角度、深层次的思考，才能使作品的创意和表现手法更具独到之处，如图 1-72 和图 1-73 所示。

图 1-72　　　　　　　　　　　　　　　　图 1-73

（3）亲和性。

亲和性是运用情感的心理攻势在作品中营造一种和谐、亲切的氛围，从而达到以情动人的目的。

（4）沟通性。

创意的沟通性体现为作品在传递信息的同时具有沟通设计者和受众的职能。它一方面把有关商品的信息传递给消费者，另一方面又把消费者的意向反馈给企业。

（5）美感性。

创意的美感性体现在作品具有丰富的审美内涵和艺术感染力，带给人艺术的享受。

（6）可执行性。

在创意阶段应充分考虑到实施创意所要使用的媒介以及它的传播范围，以判断该创意是否具有可执行性和可操作性。

（7）震撼性。

震撼的作品具有一种超强的视觉张力和表现力，宏大的场面和发人深思的创意，都会带给人强烈的心理震撼，如图 1-74 所示。

图 1-74

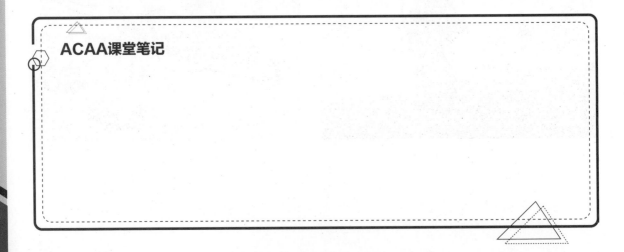

ACAA课堂笔记

1.6 课后作业

一、选择题

1. 下列哪个不是色光的三原色？（　　）

    A. 红　　　　　　　　　B. 黄　　　　　　　　　C. 绿　　　　　　　　　D. 蓝

2. 下列颜色混合哪个是正确的？（　　）

    A. 青色＋品红色＝绿色　　　　　　　　　B. 青色＋黄色＝蓝色

    C. 品红色＋黄色＝红色　　　　　　　　　D. 品红色＋黄色＋青色＝白色

3. 在使用对比色时，如红色与绿色，为了使颜色对比看起来比较协调，通常应用下列哪种颜色作为过渡及调和的颜色？（　　）

    A. 紫色　　　　　　　　B. 黄色　　　　　　　　C. 绿色　　　　　　　　D. 黑色

4. 下列关于位图和矢量图的说法错误的是（　　）。

    A. 矢量图是路径组成的，位图是由像素组成的。

    B. 位图可以用钢笔工具描边，产生矢量的轮廓

    C. 位图和矢量图之间可以任意转化

    D. 位图的质量由其分辨率决定；矢量图的清晰度不随其大小改变

5. 下列哪组颜色属于对比色？（　　）

    A. 红色和蓝色　　　　　B. 绿色和黄色　　　　　C. 黄色和紫色　　　　　D. 红色和紫色

二、填空题

1. 色彩由三种元素构成，即_____。

2. 图像的基本元素是_____，也是构成图像的最小单位。

3. 红色＋黄色＝_____；黄色＋_____＝绿色；品红色＋黄色＝_____；品红色＋黄色＋青色＝_____。

4. 常用的色彩模式包括：_____、_____、_____、_____和_____。

5. RGB 模式是_____，主要用于电子显示设备；CMYK 是_____，主要用于印刷领域。

三、上机题

1. 在日常生活中，我们要有双善于发现美的眼睛，只有让自己品位提升，视野开阔，才能设计出优秀的作品。我们可以从多方面来提升自己的审美，寻找生活的设计元素，如图 1-75 和图 1-76 所示。

图 1-75　　　　　　　　　　　　　　　　　　图 1-76

思路提示：

◎ 超市里的商品，运用了包装设计。

◎ 户外广告牌，运用了平面设计。

2. 色彩给人的感受和印象因人而异，了解色彩给人的印象并举例说明，如图 1-77 和图 1-78 所示。

图 1-77   图 1-78

思路提示：

◎ 暖色调红色。

◎ 正面印象有：温暖、激情、爱情、兴奋等。

◎ 负面印象有：侵略、危险、恐怖、愤怒等。

◎ 例如代表爱情的红玫瑰和代表危险的交通标志。

第 2 章

Photoshop 入门必备

内容导读

Photoshop 主要处理以像素所构成的数字图像。使用其众多的编辑与绘图工具，可以有效地进行图片编辑工作。本章将对 Photoshop 中文件的基本操作和图像的基本操作等方面知识进行介绍，为以后的图像编辑打下基础。

学习目标

>> 熟悉文件的新建、存储、
   导出和置入等基本操作；

>> 掌握缩放图像和窗口、
   设置画布大小、变换图像画布等操作；

>> 掌握切换屏幕模式等图像的基本操作。

2.1 文件的基本操作

在使用 Photoshop 处理图像之前，应先了解软件中的一些基本操作，如文件的新建、存储、导出和置入等，熟练掌握这些操作能为学习后面的知识奠定良好的基础。

■ 2.1.1 新建文件

新建文件是指在 Photoshop CC 2018 工作界面中创建一个自定义尺寸、分辨率和模式的图像窗口，图像的绘制、编辑和保存等都可以在该图像窗口中进行。

执行"文件"|"新建"命令，或者按 Ctrl+N 组合键，弹出"新建文档"对话框，从中可设置新文件的名称、尺寸、分辨率、颜色模式及背景内容等参数。设置完成后，单击"创建"按钮即可，如图 2-1 所示。

图 2-1

■ 2.1.2 存储文件

存储文件是指在使用 Photoshop 处理图像的过程中或处理完毕后对图像所做的保存操作。若不需要对当前文件的文件名、文件类型或存储位置进行修改，可执行"文件"|"存储"命令或者按 Ctrl+S 组合键，直接进行存储。

若要将编辑后的图像文件以不同的文件名、文件类型或存储位置进行存储，则应使用另存为的方法。执行"文件"|"存储为"命令或者按 Ctrl+Shift+S 组合键，弹出"另存为"对话框，从中选择存储路径、文件格式并输入文件名，单击"保存"按钮即可，如图 2-2 所示。

图 2-2

2.1.3　导出文件

导出文件命令可以将 Photoshop 所绘制的图像或路径导出至相应的软件中，执行"文件"|"导出"命令，在其子菜单中可以执行相应的命令。用户可以将 Photoshop 文件导出为其他文件格式，如 Zoom View 格式、Illustrator 格式等。除此之外，还能将视频导出到相应的软件中进行编辑。

2.1.4　置入文件

置入文件是指将照片、图像或任何 Photoshop 支持的文件作为智能对象添加到当前操作的文档中。执行"文件"|"置入嵌入对象"或"文件"|"置入链接的智能对象"命令，在弹出的对话框中选择需要置入的文件，单击"置入"按钮即可完成操作。

置入后的文件可以进行复制、移动和缩放等操作，如需对其内容、颜色、形态进行调整，则需要将其进行格式化操作，将智能对象转变为普通图层。

2.2　图像的基本操作

在进行图像操作时，当图像的大小不满足要求时，可根据需要在操作过程中进行调整修改，包括图像和图像窗口的缩放、图像大小和画布大小的调整、图像的裁剪以及图像的恢复操作等。

2.2.1　缩放图像和图像窗口

缩放图像是指在工作区中放大图像或缩小图像。在图像窗口脱离工作区顶部的情况下，拖动文件窗口即可缩放图像窗口。

1. 缩放图像

用户可根据需要对图像进行放大和缩小的操作，以达到更好的浏览效果。执行"视图"|"放大"命令，或者按 Ctrl++ 组合键，可以放大显示图像。反之，执行"视图"|"缩小"命令，或按 Ctrl+- 组合键，可以缩小显示图像。也可在状态栏的"显示比例"文本框中输入数值后按 Enter 键进行图像的缩放。如图 2-3~ 图 2-5 所示分别为图像的原始大小、放大和缩小的对比效果图。

图 2-3 　　　　　　　　　　　 图 2-4 　　　　　　　　　　　 图 2-5

另外，还可以使用工具箱中的"缩放工具"🔍对图像进行缩放。在工具箱中单击"缩放工具"按钮🔍，或者按 Z 快捷键并使用鼠标左键在图像上单击即可。如需切换放大和缩小，可以在属性栏里单击放大🔍或缩小🔍按钮，如图 2-6 所示，也可以按住 Alt 键或 Shift 键进行缩放操作。

知识点拨

连续按 Ctrl++ 或 Ctrl+- 组合键，可连续放大或缩小图像。

图 2-6

2. 图像窗口的缩放

图像窗口的缩放与图像的缩放不同。其操作方法也很简单：拖动光标将文件窗口从工作区顶部拖出，然后将光标移动到文件窗口右下角，当其变为⬦形状时单击并拖动，此时文件窗口会跟随光标缩放，进而改变窗口大小，如图 2-7~ 图 2-9 所示。

图 2-7

图 2-8

图 2-9

■ 2.2.2 设置图像大小和分辨率

设置图像大小和分辨率是指在保留所有图像的情况下通过改变图像的比例来实现图像尺寸的调整。

图像质量的好坏与图像的大小、分辨率有很大的关系，分辨率越高，图像就越清晰，而图像文件所占用的空间也就越大。

执行"图像"|"图像大小"命令，或者按 Ctrl+Alt+I 组合键，将弹出"图像大小"对话框，从中可对图像的参数进行相应的设置，然后单击"确定"按钮，如图 2-10 所示。

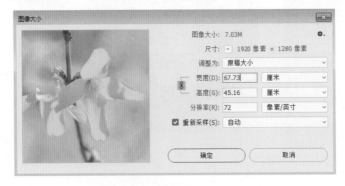

图 2-10

在"图像大小"对话框中，各参数含义介绍如下。

◎ 图像大小：单击 ⚙ 按钮，可以勾选"缩放样式"复选框。当文档中的某些图层包含图层样式时，勾选"缩放样式"复选框，可以在调整图像大小时自动缩放样式效果。

◎ 尺寸：显示图像当前尺寸。单击尺寸右边的 ∨ 按钮，可以从尺寸列表中选择尺寸单位，如百分比、像素、英寸、厘米、毫米、点、派卡。

◎ 调整为：选择设置为 Photoshop 的预设尺寸。

◎ 宽度 / 高度 / 分辨率：设置文档的高度、宽度、分辨率，以确定图像的大小。单击左侧的 🔒 按钮即可锁定长宽比例。

◎ 重新采样：选择采样插值方法。

2.2.3 设置画布大小

画布是显示、绘制和编辑图像的工作区域。对画布尺寸进行调整可以在一定程度上影响图像尺寸的大小。放大画布时，会在图像四周增加空白区域，而不会影响原有的图像；缩小画布时，则会根据设置裁剪掉不需要的图像边缘。

执行"图像"|"画布大小"命令，或者按 Ctrl+Alt+C 组合键，将弹出"画布大小"对话框，如图 2-11 所示。在该对话框中可以设置扩展图像的宽度和高度，并能对扩展区域进行定位。

在"画布扩展颜色"下拉列表中有背景、前景、白色、黑色、灰色等颜色可供选择，最后只需单击"确定"按钮即可让图像的调整生效。将画布向四周扩展的效果，如图 2-12 和图 2-13 所示。

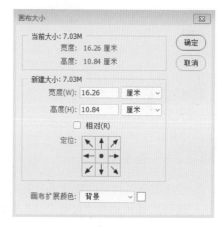

图 2-11

图 2-12

图 2-13

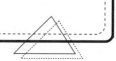

ACAA课堂笔记

2.2.4 变换图像画布

当前图像不满足要求时，可以变化图像画布进行调整。执行"图像"|"图像旋转"命令，在其子菜单中执行相应的操作即可，如图 2-14 所示。

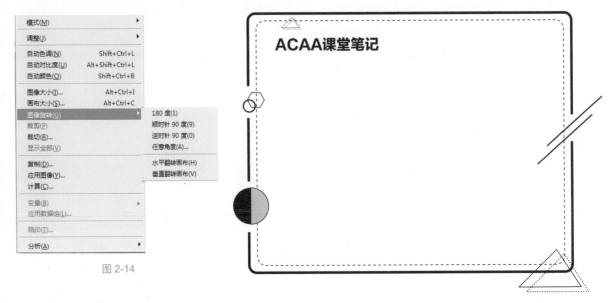

图 2-14

2.2.5 裁剪图像

使用裁剪工具可以裁掉多余的图像，并重新定义画布的大小。

选择工具箱中的"裁剪工具" ✄，在图像中选中裁剪点，将其拖曳至要保留的区域，此时被裁剪的区域则会变暗，而保留的区域则正常显示。裁剪框的周围有 8 个控制点，利用它可以把这个框移动、缩小、放大和旋转，按 Enter 键后即可完成裁剪操作，如图 2-15 和图 2-16 所示。

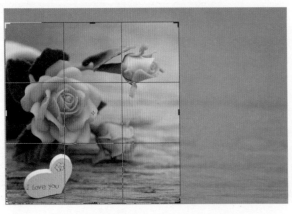

图 2-15

图 2-16

■ 实例：裁剪图像并保存

我们将利用本小节所学裁剪工具相关知识对图像进行裁剪并保存。

Step01 启动 Photoshop CC 2018，执行"文件"|"打开"命令，弹出"打开"对话框，选择"小熊 .jpg"图像，如图 2-17 所示。单击"打开"按钮即可打开图像文件，如图 2-18 所示。

图 2-17 图 2-18

Step02 打开图像素材后，选择裁剪工具，在属性栏的"比例"下拉列表框中执行"1 ： 1（方形）"命令，如图 2-19 所示。

Step03 调整完成后，按 Enter 键即可完成裁剪操作，如图 2-20 和图 2-21 所示。

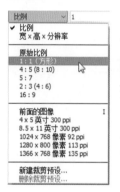

图 2-19 图 2-20 图 2-21

Step04 执行"图像"|"画布大小"命令，或者按 Ctrl+Alt+C 组合键，将弹出"画布大小"对话框，设置新的画布参数，如图 2-22 所示。

Step05 按 Enter 键即可完成画布调整，如图 2-23 所示。

图 2-22 图 2-23

Step06 画布调整完成后，执行"文件"|"存储为"命令，如图 2-24 所示。

Step07 在弹出的"另存为"对话框中设置文件名和图像存储格式，单击"保存"按钮，如图 2-25 所示。

Step08 系统将弹出"JPEG 选项"对话框，从中设置相应参数，单击"确定"按钮即可完成操作，如图 2-26 所示。

图 2-24

图 2-25

图 2-26

至此，完成裁剪并保存图像的操作。

知识点拨

"JPEG 对话框"中"格式选项"选项组介绍如下。

◎ "基线（'标准'）"表示用逐行扫描的方式显示在屏幕上，生成的文件可被浏览器接受。

◎ "基线已优化"表示使用优化的霍夫曼编码格式，可优化图片色彩质量效果，生成的文件较小，但有的图像软件不接受这种格式文件。

◎ "连续"表示使用图像多次扫描的方式逐渐清晰地显示在屏幕上，文件较大，可选择扫描次数，载入时能分级逐渐显示。

2.2.6 图像的恢复操作

在处理图像的过程中，若对效果不满意或出现操作错误，可使用软件提供的恢复功能来处理这类问题。

1. 退出操作

退出操作是指在执行某些操作的过程中，完成该操作之前可中途退出该操作。用户可按 Esc 键随时取消当前命令的操作。

2. 恢复到上一步操作

恢复到上一步操作是指图像恢复到上一步操作之前的状态，该步骤所做的更改将被全部撤销。其方法是执行"编辑"|"后退一步"命令，或按 Ctrl+Z 组合键即可，如图 2-27 所示。

3. 恢复到任意步操作

如果需要恢复的步骤较多，可执行"窗口"|"历史记录"命令，弹出"历史记录"面板，在历史记录列表中找到需要恢复到的操作步骤，单击即可，如图 2-28 所示。

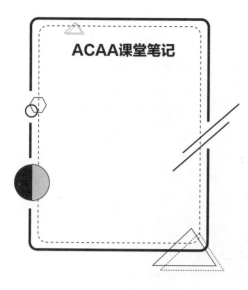

ACAA课堂笔记

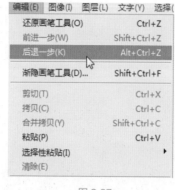

图 2-27

图 2-28

■ 2.2.7 屏幕模式的切换

选择合适的屏幕模式可以方便用户预览效果图。在 Photoshop CC 2018 中有三种屏幕模式：标准屏幕模式、带有菜单的全屏模式、全屏模式。按 F 快捷键可以在三种模式之间进行切换。

（1）标准屏幕模式：编辑状态显示的效果，如图 2-29 所示。

图 2-29

（2）带有菜单的全屏模式：隐藏顶部及底部的文件信息，如图 2-30 所示。

（3）全屏模式：只显示图像文件，如图 2-31 所示。

图 2-30

图 2-31

知识拓展

若切换到全屏模式后要退出全屏模式,只需按 Esc 键即可回到标准屏幕模式。

ACAA课堂笔记

2.3 课堂实战——制作一寸证件照

图 2-32

我们将利用本章所学图像基本操作相关知识制作一寸证件照。

Step01 启动 Photoshop CC 2018，执行"文件"|"打开"命令，选择"证件照素材 .jpg"图像，如图 2-32 所示。

Step02 选择裁剪工具，在属性栏的"比例"下拉列表框中选择"宽 × 高 × 分辨率"，在属性栏中设置其他参数，如图 2-33 所示。

Step03 移动鼠标至裁剪框的任意角，按住 Shift 键拖动鼠标将裁剪框调整至合适大小，再把头像移至裁剪框正中位置，如图 2-34 所示。

Step04 调整完成后，按 Enter 键即可完成裁剪，如图 2-35 所示。

图 2-33

Step05 双击"背景"图层，弹出"新建图层"对话框，如图 2-36 所示。

Step06 单击"确定"按钮，"背景"图层会转换为"图层 0"，如图 2-37 所示。

图 2-34

图 2-35

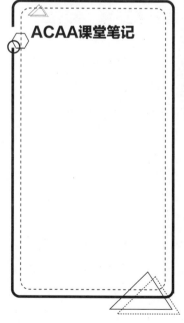

图 2-36

图 2-37

第 2 章

Photoshop 入门必备

Step07 从工具箱中选择"快速选择"工具，选择人物背景的白色区域，如图2-38所示。

Step08 按 Delete 键删除选区内容，再按 Ctrl+D 组合键取消选区，如图2-39所示。

Step09 新建"图层1"，并将其拖动到"图层0"下层，如图2-40所示。

Step10 设置"前景色"为#438edb，选择"油漆桶工具"填充颜色，如图2-41所示。

Step11 单击"图层"面板右侧的菜单按钮▤，在下拉菜单中选择"拼合图像"命令，完成图层的整理操作，如图2-42所示。

至此，完成制作一寸证件照的操作。

图 2-38

图 2-39

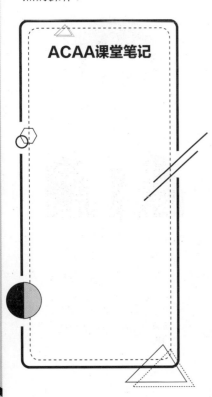

ACAA课堂笔记

图 2-40

图 2-41

知识点拨

照片的尺寸国内外说法有所不同，国内的叫法是1寸、2寸、3寸……数值取的是照片较长的那一边；国际的叫法是3R、4R、5R……数值取的是照片较短的那一边。国内照片尺寸标准如表2-1所示。

图 2-42

表 2-1

照片规格	尺寸大小（单位：厘米）
1 寸	2.5×3.5
身份证大头照	3.3×2.2
2 寸	3.5×5.3
小 2 寸（护照）	4.8×3.3
5 寸	12.7×8.9
6 寸	15.2×10.2
7 寸	17.8×12.7
8 寸	20.3×15.2
10 寸	25.4×20.3
12 寸	30.5×20.3
15 寸	38.1×25.4

2.4 课后作业

一、选择题

1. Photoshop 是（　　）公司开发的图像处理软件。
　　A. 微软　　　　　　　B. 金山　　　　　　　C. Intel　　　　　　　D. Adobe
2. 图像分辨率的单位是（　　）。
　　A. dpi　　　　　　　　B. ppi　　　　　　　　C. lpi　　　　　　　　D. pixel
3. Photoshop 图像最基本的组成单元是（　　）。
　　A. 节点　　　　　　　B. 色彩空间　　　　　　C. 像素　　　　　　　D. 路径
4. 在 Photoshop CC 2018 中，色彩模式有哪几种？（　　）
　　A. HSB、RGB、Grayscale、CMYK　　　　　　B. HSB、IndexedColor、Lab、CMYK
　　C. HSB、RGB、Lab、CMYK　　　　　　　　　D. HSB、RGB、Lab、ColorTable
5. 利用（　　）命令可以改变图像的尺寸。
　　A. 图像大小　　　　　B. 旋转画布　　　　　　C. 复制　　　　　　　D. 调整

二、填空题

1. Photoshop CC 2018 的操作界面主要包括_____、_____、属性栏、浮动面板、编辑窗口以及状态栏。

2. 位图一般称为"点阵图"或"像素图"，其大小和质量是由图像中_____的多少来决定。

3. 调整图像大小是指在保留原有图像的情况下通过改变_____来实现图像尺寸的调整。

4. 在 Photoshop CC 2018 中有三种屏幕模式，分别是_____、_____和_____。

5. 利用工具箱中的放大镜工具就可以对图像成比例地_____和_____。

1.启动 Photoshop CC 2018 软件,打开 psd 文件,删除背景并存储为 png 格式文件,如图 2-43 和图 2-44 所示。

图 2-43   图 2-44

思路提示:

◎ 执行"文件"|"存储为"命令。

◎ 在"保存类型"下拉列表框中选择 png 格式。

2. 启动 Photoshop CC 2018 软件,打开图像素材,调整图像的透视效果,并扩展画布制作相框,如图 2-45 和图 2-46 所示。

图 2-45   图 2-46

思路提示:

◎ 利用参考线创建图像水平线。

◎ 选择裁剪工具校正图像角度。

◎ 执行"图像"|"画布大小"命令扩展画布。

第 **3** 章

选区与路径的应用

内容导读

在 Photoshop 中可以通过路径建立特殊选区，使它能更好地完成一些矢量图形、特定线条以及其他图形的绘制。而选区则可以更好地绘制、编辑图形。本章将对 Photoshop 中选区和路径的创建与编辑等方面进行介绍。

学习目标

> 》 掌握选区的创建与编辑；

> 》 掌握路径的创建与编辑。

3.1 创建选区

无论使用哪种选区工具，所得到的都是由蚂蚁线圈定的区域。Photoshop 提供了多种选区工具，从选区样式上可将选区工具划分为"规则选区"和"不规则选区"两大类。

■ 3.1.1 创建规则选区

使用选框工具可以创建规则的选区。选框工具包括矩形选框工具、椭圆选框工具、单行选框工具和单列选框工具等。

1. 矩形选框工具

矩形选框工具可以在图像或图层中绘制矩形选区。在工具箱中选择"矩形选框工具" ，在图像中单击并拖动鼠标，绘制出矩形的选框，框内的区域就是选择区域，即选区，如图 3-1 所示。

若要绘制正方形选区，可以在按住 Shift 键的同时在图像中单击并拖动鼠标，绘制出的选区即为正方形，如图 3-2 所示。

图 3-1

图 3-2

选择矩形选框工具后，将会显示出该工具的属性栏，如图 3-3 所示。其中各选项的功能介绍如下。

| ⬚ ∨ | ■ ◻ ◻ ◻ | 羽化: 0 像素 | ☐ 消余锯齿 | 样式: 正常 ∨ | 宽度: | ⇄ | 高度: | 选择并遮住 … |

图 3-3

◎ "当前工具"按钮 ⬚：该按钮显示的是当前所选择的工具，单击该按钮可以弹出工具箱的菜单，在其中可以调整工具的相关参数。

◎ 选区编辑按钮组 ■◻◻◻：该按钮组又被称为"布尔运算"按钮组，各按钮的名称从左至右分别是新选区、添加到选区、从选区减去及与选区交叉。单击"新选区"按钮 ◻，将选择新的选区；单击"添加到选区"按钮 ◻，可以连续创建选区，将新的选择区域添加到原来的选择区域里；单击"从选区减去"按钮 ◻，选择范围为从原来的选择区域里减去新的选择区域；单击"与选区交叉"按钮 ◻，选择的是新选择区域和原来的选择区域相交的部分。

◎ "羽化"文本框：羽化是指通过创建选区边框内外像素的过渡来使选区边缘模糊，羽化宽度越大，则选区的边缘越模糊，此时选区的直角处也将变得圆滑，其取值范围在 0~1000 像素之间。

◎ "样式"下拉列表框：该下拉列表框中有"正常""固定比例"和"固定大小"3 个选项，用于设置选区的形状。

2. 椭圆选框工具

椭圆选框工具可以在图像或图层中绘制出圆形或椭圆形选区。在工具箱中选择"椭圆选框工具"○，在图像中单击并拖动鼠标，绘制出椭圆形的选区，如图 3-4 所示。若要绘制正圆形的选区，则可以按住 Shift 键的同时在图像中单击并拖动鼠标，绘制出的选区即为正圆形，如图 3-5 所示。

图 3-4　　　　　　　　　　　　　　　图 3-5

实际应用中，环形选区应用得比较多，创建环形选区需要借助"从选区减去"按钮。首先创建一个圆形选区，然后单击"从选区减去"按钮，再次拖动鼠标绘制选区，此时绘制的部分比原来的选区略小，如图 3-6 所示，其中间的部分被减去，只留下环形的圆环区域，如图 3-7 所示。

图 3-6　　　　　　　　　　　　　　　图 3-7

3. 单行 / 单列选框工具

单行 / 单列选框工具可以在图像或图层中绘制出一个像素宽的横线或竖线区域，常用来制作网格效果。在工具箱中选择"单行选框工具"或"单列选框工具"，在图像中单击即可绘制出单行或单列选区，如图 3-8 所示。若连续增加选区，可以单击"添加到选区"按钮，或按住 Shift 键进行绘制，如图 3-9 所示。

ACAA课堂笔记

图 3-8 　　　　　　　　　　　　　　图 3-9

知识点拨

利用单行选框工具和单列选框工具创建的都是 1 像素宽的横向或纵向选区。

3.1.2　创建不规则选区

不规则选区从字面上理解是比较随意、自由、不受具体某个形状制约的选区，在实际应用中比较常见。Photoshop 为用户提供了套索工具组和魔棒工具组，其中包含套索工具、多边形套索工具、磁性套索工具、魔棒工具以及快速选择工具。

1. 创建自由选区

利用"套索工具" ，可以创建任意形状的选区，操作时只需要在图像窗口中按住鼠标左键进行绘制，释放鼠标后即可创建选区，如图 3-10 和图 3-11 所示。

图 3-10 　　　　　　　　　　　　　　图 3-11

知识点拨

如果所绘轨迹是一条闭合曲线，则选区即为该曲线所选范围；若轨迹是非闭合曲线，则套索工具会自动将该曲线的两个端点以直线连接，从而构成一个闭合选区。

2. 创建多边形选区

使用多边形套索工具可以创建具有直线轮廓的不规则选区。其原理是使用线段作为选区局部的边界，由鼠标连续单击生成的线段连接起来形成一个多边形的选区。

在工具箱中选择"多边形套索工具" ，在图像中单击创建出选区的起始点，然后沿要创建选区的轨迹依次单击鼠标，创建出选区的其他端点，最后将光标移动到起始点，当光标变成 形状时单击，即创建出需要的选区，如图3-12所示。若不回到起点，在任意位置双击鼠标也会自动在起点和终点间生成一条连线作为多边形选区的最后一条边，如图3-13所示。

图 3-12   图 3-13

知识点拨

在属性栏中单击"添加到选区"按钮，还可以将更多的选区添加到创建的选区中。

3. 创建精确选区

使用磁性套索工具可以为图像中颜色交界处反差较大的区域创建精确选区。磁性套索工具是根据颜色像素自动查找边缘来生成与选择对象最为接近的选区，一般适合于选择与背景反差较大且边缘复杂的对象。

在工具箱中选择"磁性套索工具" ，在图像窗口中需要创建选区的位置单击确定选区起始点，沿选区的轨迹拖动鼠标，系统将自动在鼠标移动的轨迹上选择对比度较大的边缘产生节点，如图3-14所示。当光标回到起始点变为 形状时单击，即可创建出精确的不规则选区，如图3-15所示。

图 3-14   图 3-15

3.1.3　快速创建选区

　　魔棒工具组包括魔棒工具和快速选择工具，属于灵活性很强的选择工具，通常用于选取图像中
颜色相同或相近的区域，不必跟踪其轮廓。

　　在工具箱中单击"魔棒工具" ![icon]，将会显示出该工具的属性栏，在属性栏中设置"容差"以辅
助软件对图像边缘进行区分，一般情况下容差值设置为 30px。将光标移动到需要创建选区的图像中，
当其变为![icon]形状时单击即可快速创建选区，如图 3-16 所示。

　　使用"快速选择工具"![icon]创建选区时，其选取范围会随着光标移动而自动向外扩展并查找和跟
随图像中定义的边缘，按住 Shift 键和 Alt 键增减选区大小，如图 3-17 和图 3-18 所示。

图 3-16　　　　　　　　　　　　　图 3-17　　　　　　　　　　　　　图 3-18

3.1.4　使用"色彩范围"命令创建选区

　　"色彩范围"命令的原理是根据色彩范围创建选区，主要针对色彩进行操作。执行"选择"|"色
彩范围"命令，打开"色彩范围"对话框，如图 3-19 所示。用户可根据需要调整参数，完成后单击"确
定"按钮即可创建选区，如图 3-20 所示。

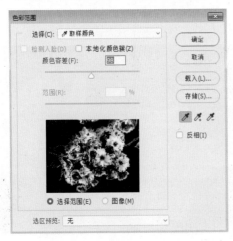

图 3-19　　　　　　　　　　　　　　　　　　　　　図 3-20

在"色彩范围"对话框中，各主要选项的含义介绍如下。

◎ "选择"下拉列表框：用于选择预设颜色。

◎ "颜色容差"文本框：用于设置选择颜色的范围，数值越大，选择颜色的范围越大；反之，选择颜色的范围就越小。拖动下方滑动条上的滑块可快速调整数值。

◎ 预览区：用于显示预览效果。选中"选择范围"单选按钮，在预览区中，白色表示被选择的区域，黑色表示未被选择的区域；选中"图像"单选按钮，预览区内将显示原图像。

◎ 吸管工具组 ：用于在预览区中单击取样颜色， 和 工具分别用于增加和减少选择的颜色范围。

■ 实例：更换图像背景颜色

我们将利用本小节所学选区相关的知识更换图像的背景颜色。

`Step01` 启动 Photoshop CC 2018，执行"文件"|"打开"命令，打开"鸟 .jpg"图像，如图 3-21 所示。

`Step02` 执行"选择"|"色彩范围"命令，打开"色彩范围"对话框，移动光标在图像背景上单击吸取颜色，在对话框中可以预览到拾取的色彩范围显示为白色，如图 3-22 所示。

图 3-21　　　　　　　　　　　　　　　　图 3-22

`Step03` 单击"确定"按钮，此时图形的背景区域会被选中，如图 3-23 所示。

`Step04` 单击"前景色"色块，在弹出的"拾色器（前景色）"对话框中设置颜色，完成后单击"确定"按钮，如图 3-24 所示。

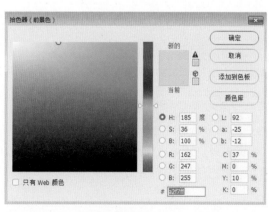

图 3-23　　　　　　　　　　　　　　　　图 3-24

Step05 使用"油漆桶工具"填充选区，按 Ctrl+D 组合键取消选区，如图 3-25 所示。

图 3-25

至此，完成更换图像背景的操作。

3.2 编辑和调整选区

创建选区后，还可以根据需要对选区的位置、大小和形状等进行编辑和修改。选区的编辑包括移动、变换、反选、填充、隐藏和显示、存储和载入等，下面将对其相关知识进行详细介绍。

3.2.1 移动选区

若创建的选区并未与目标图像重合或未完全选择所需要的区域，此时可以对选区的位置进行调整，以重新定位选区。在选择任意选区工具的状态下，将光标移动到选区的边缘位置，当其变为形状时单击并拖动鼠标即可移动选区，如图 3-26 所示。在使用鼠标拖动选区的同时按住 Shift 键可使选区沿水平、垂直或 45°斜线方向移动。

当鼠标变为形状，则剪切移动当前选区内容，如图 3-27 所示。

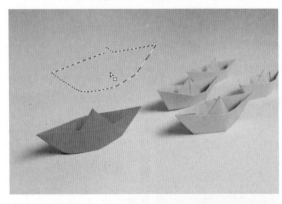

图 3-26

图 3-27

除此之外，还可以使用方向键移动选区。按方向键可以每次以 1 像素为单位移动选区，若按住 Shift 键的同时按方向键，则每次以 10 像素为单位移动选区。

■ 3.2.2 变换选区

通过变换选区可以改变选区的形状，包括缩放和旋转等，变换时只是对选区进行变换，选区内的图像将保持不变。

执行"选择"|"变换选区"命令，或在选区上单击鼠标右键，在弹出的快捷菜单中执行"变换选区"命令，此时将在选区的四周出现调整控制框，移动控制框上控制点即可调整选区形状，如图3-28和图3-29所示。

图 3-28

图 2-29

> **知识点拨**
>
> 变换选区和自由变换不同，变换选区是对选区进行变换，而自由变换是对选定的图像区域进行变换。

■ 3.2.3 反选选区

反选选区是指快速选择当前选区外的其他图像区域，而当前选区将不再被选择。创建选区后执行"选择"|"反向"命令或者按Ctrl+Shift+I组合键，可以选取图像中除选区以外的其他图像区域，如图3-30和图3-31所示。

图 3-30

图 3-31

> **知识点拨**
>
> 在创建的选区中单击鼠标右键，在弹出的快捷菜单中执行"选择反向"命令也可以反选选区。

■ 3.2.4 填充选区

使用"填充"命令可为整个图层或图层中的一个区域进行填充，其填充的方式有多种。执行"编辑"|"填充"命令，如图 3-32 所示。或在建立选区之后单击鼠标右键，在弹出的快捷菜单中执行"填充"命令，如图 3-33 所示。或按 Shift+F5 组合键，都可以弹出"填充"对话框，如图 3-34 所示。

图 3-32   图 3-33   图 3-34

> **知识点拨**
>
> 想要直接填充前景色可以按 Alt+Delete 组合键，填充背景色可以按 Ctrl+Delete 组合键。

■ 3.2.5 隐藏和显示选区

用户在创建选区后可将选区隐藏，以免影响对图像的观察。可以按 Ctrl+H 组合键将选区隐藏。当需要显示选区继续对图像进行处理时，再次按 Ctrl+H 组合键即可显示隐藏的选区。

■ 3.2.6 存储和载入选区

对于创建好的选区，如果需要多次使用，可以将其进行存储。使用"存储选区"命令，可以将当前的选区存放到一个新的 Alpha 通道中。执行"选择"|"存储选区"命令，弹出"存储选区"对话框，如图 3-35 所示，在其中设置选区名称后，单击"确定"按钮即可对当前选区进行存储。

在"存储选区"对话框中，各主要选项的含义介绍如下。

◎ "文档"下拉列表框：用于设置保存选区的目标图像文件，默认为当前图像，若在"通道"下拉列表框中选择"新建"选项，则将其保存到新建的图像中。

◎ "通道"下拉列表框：用于设置存储选区的通道。

◎ "名称"文本框：用于输入要存储选区的名称。

◎ "新建通道"单选按钮：选中该单选按钮表示为当前选区建立新的目标通道。

使用"载入选区"命令可以调出 Alpha 通道中存储过的选区。   图 3-35

执行"选择"|"载入选区"命令，弹出"载入选区"对话框，如图 3-36 所示。在"文档"下拉列表框中选择刚才保存的选区，在"通道"下拉列表框中选择存储选区的通道名称，在"操作"选项组中选择载入选区后与图像中现有选区的运算方式，完成后单击"确定"按钮即可载入选区。

Adobe Photoshop CC 课堂实录

图 3-36

知识点拨

　　存储和载入选区的操作适合于一些需多次使用的选区或制作过程复杂的选区，节省了重复制作选区的操作。

■ 实例：制作彩色气泡

　　我们将利用本小节所学选区相关知识制作彩色气泡。

Step01 启动 Photoshop CC 2018，执行"文件"|"打开"命令，打开"海.jpg"图像，如图 3-37 所示。

Step02 在"图层"面板中单击"创建新图层"按钮 ，新建"图层 1"，在工具箱中选择椭圆选区工具，同时按住 Shift 键拖动鼠标绘制一个正圆，如图 3-38 所示。

Step03 设置前景色为白色，在工具箱中选择"油漆桶工具" ，在蚂蚁线内单击进行填充，如图 3-39 所示。

图 3-37

图 3-38

图 3-39

Step04 保持选区，执行"选择"|"修改"|"羽化"命令，在羽化对话框中设置羽化半径为 50 像素，单击"确定"按钮关闭对话框，选区边缘将会变得柔和，如图 3-40 所示。

Step05 按 Delete 键删除选区内的图像，如图 3-41 所示。

Step06 按 Ctrl+D 组合键取消选区，按 Ctrl+J 组合键复制该图层，按住 Ctrl 键在"图层"面板中单击图层缩略图载入选区，如图 3-42 所示。

图 3-40

图 3-41

图 3-42

Step07 在工具箱中选择"渐变工具" ，设置渐变方式为"透明彩虹渐变"，从左上角向右下角进行填充，如图 3-43 和图 3-44 所示。

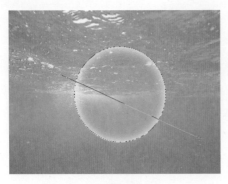 

图 3-43　　　　　　　　　　　　　　　　图 3-44

Step08 新建"图层 2"，设置前景色为白色，在工具箱中选择"画笔工具" ，选择"柔边圆"画笔，设置相应的参数，如图 3-45 所示，在圆中绘制出高光造型，如图 3-46 所示。

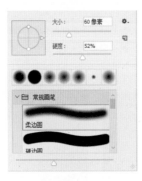 

图 3-45　　　　　　　　　　　　　　　　图 3-46

Step09 在"图层"面板中设置高光图层的"不透明度"为 60%，然后执行"滤镜"|"模糊"|"径向模糊"命令，弹出"径向模糊"对话框，设置相关参数，如图 3-47 所示。设置完成后单击"确定"按钮，可以看到调整好的效果，如图 3-48 所示。

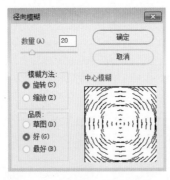 

图 3-47　　　　　　　　　　　　　　　　图 3-48

ACAA课堂笔记

Step10 按住 Shift 键选中"图层 1"至"图层 2"，按 Ctrl+E 组合键合并图层，双击命名为"气泡"，如图 3-49 所示。

Step11 按 Ctrl+T 组合键自由变换图形，按住 Shift+Alt 组合键从中心等比例缩放，如图 3-50 所示。

图 3-49

图 3-50

Step12 按住 Alt 键，同时鼠标单击气泡的边缘进行复制移动，如图 3-51 所示。

Step13 根据自己的喜好设置气泡的大小位置，最终效果如图 3-52 所示。

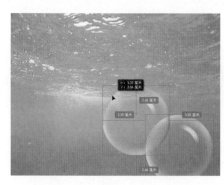

图 3-51

图 3-52

至此，完成彩色气泡的制作。

3.3 创建路径

利用 Photoshop 提供的路径功能，可以绘制线条或曲线，还可以对绘制的线条进行填充和描边，完成一些绘画工具无法完成的工作。路径是由一个或多个直线线段或曲线线段组成。使用钢笔工具和形状工具都可以绘制路径。

3.3.1 创建钢笔路径

钢笔工具是绘图软件中用来创建路径的工具，创建完成后还可以进行再编辑，属于矢量绘图工具，使用它可以精确绘制出直线或平滑的曲线。

选择"钢笔工具" $\varnothing$ ，在图像中单击创建路径起点，此时在图像中会出现一个锚点，沿图像中需要创建路径的图案轮廓方向单击并按住鼠标向外拖动，让曲线贴合图像边缘，直到光标与创建的路径起点相连接，路径会自动闭合，如图 3-53 和图 3-54 所示。

图 3-53 图 3-54

知识点拨

在绘制过程中，最后一个锚点为实心方形，表示处于选中状态。继续添加锚点时，之前定义的锚点会变成空心方形。如果勾选属性栏中的"自动添加/删除"复选框，则单击现有锚点可将其删除。

1. 自由钢笔工具

使用自由钢笔工具可以在图像窗口中拖动鼠标绘制任意形状的路径。在绘画时，将自动添加锚点，无须确定锚点的位置，完成路径后同样可进一步对其进行调整。

选择"自由钢笔工具" ，在属性栏中勾选"磁性的"复选框将创建连续的路径，同时会随着鼠标的移动产生一系列的锚点，如图 3-55 和图 3-56 所示；若取消勾选该复选框，则可创建不连续的路径。

图 3-55 图 3-56

知识点拨

自由钢笔工具类似于套索工具，不同的是，套索工具绘制的是选区，而自由钢笔工具绘制的是路径。

2. 弯度钢笔工具

弯度钢笔工具是 Photoshop CC 2018 新增的一个工具，可以轻松绘制平滑曲线和直线段。使用这个工具，可以在设计中创建自定义形状，或定义精确的路径。在使用的时候，无须切换工具就能创建、切换、编辑、添加或删除平滑点或角点。

使用"弯度钢笔工具" 随意绘制三个点,这三个点就会形成一条连接的曲线,将鼠标移到锚点,当光标变为形状▶时,可随意移动锚点位置,如图 3-57 和图 3-58 所示。

图 3-57

图 3-58

> **知识点拨**
>
> 如需改变路径的形状,可使用"添加锚点工具" 及和"删除锚点工具" 及进行调整;如需将尖角变得平滑,可使用"转换点工具" ∧。

■ 实例:使用钢笔工具抠取图像

我们将利用本小节所学钢笔工具知识抠取图像。

Step01 启动 Photoshop CC 2018 软件,执行"文件"|"打开"命令,弹出"打开"对话框,打开"蝴蝶 .jpg"素材文件,如图 3-59 所示。

Step02 按住 Ctrl++ 组合键放大图像,在工具箱中选择钢笔工具,沿图像中蝴蝶的轮廓进行绘制,如图 3-60 所示。

图 3-59

图 3-60

Step03 在绘制过程中,对于平滑的边缘,我们可以先绘制一条直线,选择"添加锚点工具" 及,在路径的中间添加锚点,如图 3-61 所示。

Step04 选中锚点,当光标变为形状▶时拖动鼠标进行调整,如图 3-62 所示。

Step05 路径绘制完毕之后,按 Ctrl+Enter 组合键建立选区,如图 3-63 所示。

图 3-61

图 3-62

图 3-63

Step06 按 Ctrl+J 组合键复制选区，如图 3-64 所示。

Step07 执行"文件"|"打开"命令，弹出"打开"对话框，选择"春天 .jpg"素材文件，如图 3-65 所示。

Step08 在工具箱中选择移动工具，当光标变为形状▶时拖动鼠标复制对象到"春天"图像中，如图 3-66 所示。

图 3-64

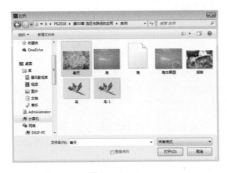
图 3-65

图 3-66

至此，完成抠取图像的操作。

■ 3.3.2 创建形状路径

使用形状工具绘制出来的形状实际上是剪切路径，具有矢量图形的性质。默认情况下绘制的形状是前景色填充，也可用渐变色或图案填充。使用形状工具可以更方便地调整图形的形状，以便创建出多种规则或不规则的形状或路径，如矩形、圆角矩形、椭圆、多边形、直线和自定义形状等。

1. 矩形工具

矩形工具可以绘制矩形与正方形。按住 Shift 键可以绘制出正方形；按住 Alt 键可以以鼠标单击点为中心绘制矩形；按住 Shift+Alt 组合键可以以鼠标单击点为中心绘制正方形。在其属性栏中可对相关参数进行设置，如图 3-67 所示。

图 3-67

2. 圆角矩形工具

圆角矩形工具可以绘制出具有圆角效果的矩形。在其属性栏中可对所绘制的圆角矩形的圆角半径进行设置，如图 3-68 所示。

图 3-68

3. 椭圆工具

椭圆工具可以绘制椭圆形和正圆形。按住 Shift 键或 Shift+Alt 组合键（以鼠标单击点为圆心）可以绘制正圆形。在其属性栏中可对相关参数进行设置，如图 3-69 所示。

图 3-69

4. 多边形工具

多边形工具可以绘制出正多边形（最少为 3 边）和星形。在其属性栏中可对绘制图形的边数进行设置，如图 3-70 所示。想要绘制星形，可以单击属性栏中的 ✿ 按钮，在弹出的下拉菜单中选择"星形"命令即可。

图 3-70

5. 直线工具

直线工具可以绘制出直线和带有箭头的路径。在其属性栏中可对绘制直线的粗细进行设置，如图 3-71 所示。想要绘制箭头，可以单击属性栏中的 ✿ 按钮，在弹出的下拉菜单中对箭头的参数进行设置。

图 3-71

6. 自定义形状工具

自定义形状工具可以绘制出系统自带的不同形状。单击属性栏中的"形状"下拉按钮，在其下拉列表中单击 ✿ 按钮，在弹出的下拉菜单中选择"全部"命令，可以将预设的所有形状加载到"自定义形状"拾色器中，如图 3-72 和图 3-73 所示。

图 3-72

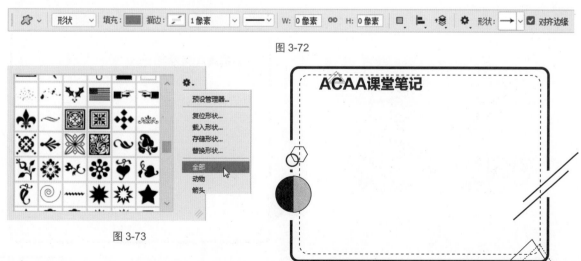

图 3-73

编辑路径

使用"路径选择工具" ▶ 可选择所绘制的路径，选择路径后还可以对其进行如复制路径、删除多余路径、存储路径、描边路径以及填充路径等操作。

3.4.1 选择路径

在对路径进行编辑操作之前首先需要选择路径。在工具箱中选择"路径选择工具" ▶，在图像窗口中单击路径，即可选择该路径。按住鼠标左键不放进行拖动即可改变所选择路径的位置，如图 3-74 和图 3-75 所示。路径选择工具用于选择和移动整个路径。

"直接选择工具" ▶ 用于移动路径的部分锚点或线段，或者调整路径的方向点和方向线，而其他未选中的锚点或线段则不被改变。选中的锚点显示为实心方形，未被选中的锚点显示为空心方形，如图 3-76 和图 3-77 所示。

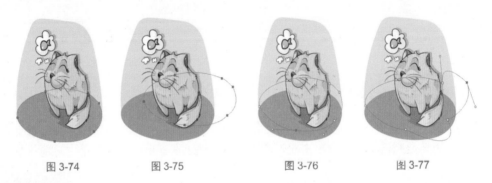

图 3-74　　　　图 3-75　　　　图 3-76　　　　图 3-77

> **知识点拨**
>
> 按住 Shift 键，可以加选其他锚点。

3.4.2 复制和删除路径

选择需要复制的路径，按住 Alt 键，此时光标变为 ▶+ 形状，拖动路径即可复制出新的路径，如图 3-78 和图 3-79 所示。

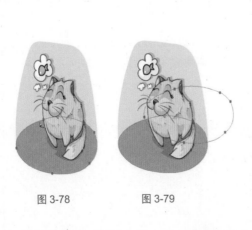

图 3-78　　　　图 3-79

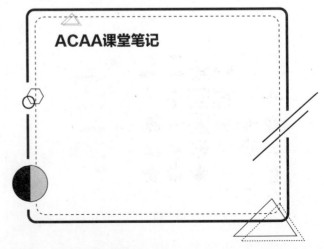

ACAA课堂笔记

Adobe Photoshop CC 课堂实录

删除路径操作非常简单，若要删除整个路径，在"路径"面板中选中该路径，单击该面板底部的"删
除当前路径"按钮即可。若要删除一个路径的某段路径，使用"直接选择工具" ▶ 选择所要删除的
路径段，然后按 Delete 键即可。

3.4.3　存储路径

在图像中首次绘制路径会默认为工作路径，若将工作路径转换为选区并填充选区后，再次绘制
路径则会自动覆盖前面绘制的路径，只有将其存储为路径，才能对路径进行保存。

在"路径"面板中单击右上角的 ☰ 按钮，在弹出的下拉菜单中选择"存储路径"命令，弹出"存
储路径"对话框，在该对话框的"名称"文本框中设置路径名称，然后单击"确定"按钮即可保存路径。
此时在"路径"面板中可以看到，"工作路径"变为了"路径 1"，如图 3-80 和图 3-81 所示。

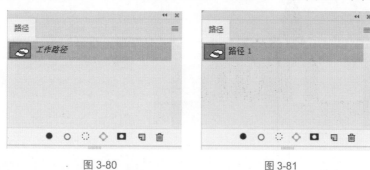

图 3-80　　　　　　　　　　　　　图 3-81

3.4.4　描边路径和填充路径

描边路径能够以当前所使用的绘画工具沿任何路径创建描边。在 Photoshop 中可以使用多种描边
工具，如画笔、铅笔、橡皮擦和图章工具等。勾选"模拟压力"复选框可以模拟手绘描边效果，取
消勾选该复选框，描边为线性、均匀效果。

实例：绘制描边效果图

我们将利用本小节所学描边路径相关知识绘制描边效果图。

Step01 启动 Photoshop CC 2018 软件，执行"文件"|"打开"命令，打开"房子 .jpg"图像，并按
Ctrl+J 组合键复制图层，如图 3-82 所示。

Step02 在工具箱中设置前景色为白色，选择画笔工具，在属性栏中设置"大小"为 15 像素，如图 3-83
所示。

图 3-82　　　　　　　　　　　图 3-83

Step03 选择钢笔工具，沿房子周围创建锚点，如图 3-84 所示。

Step04 执行"窗口"|"路径"命令，弹出"路径"面板，单击面板底部的"用画笔描边路径"按钮，如图 3-85 所示。

图 3-84　　　　　　　　　　　图 3-85

Step05 按 Ctrl+Enter 组合键建立选区，按 Ctrl+D 组合键取消选区，效果如图 3-86 所示。

图 3-86

至此，完成描边效果图的绘制。

填充路径能为路径填充前景色、背景色或其他颜色，同时还能快速为图像填充图案。若路径为线条，则会按"路径"面板中显示的选区范围进行填充。

■ 实例：绘制填充效果图

我们将利用本小节所学填充路径相关知识绘制填充效果图。

Step01 在"图层"面板中，单击"图层1"前面的"指示图层可见性" 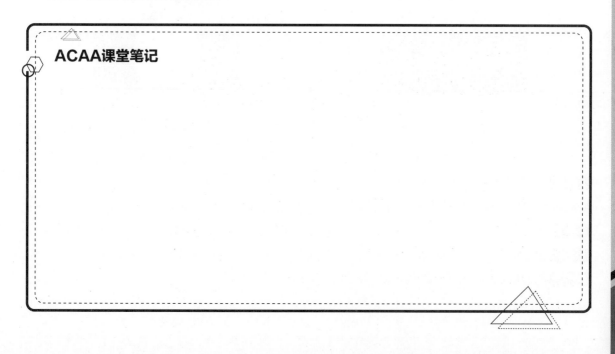 按钮，隐藏该图层，如图3-87所示。

Step02 选择钢笔工具，沿房子周围创建锚点，如图3-88所示。

图 3-87　　　　　　　　　　图 3-88

Step03 在"路径"面板中，单击面板底部的"用前景色填充路径"按钮，如图3-89所示。

Step04 按 Ctrl+Enter 组合键建立选区，按 Ctrl+D 组合键取消选区，效果如图3-90所示。

图 3-89　　　　　　　　　　图 3-90

至此，完成填充效果图的操作。

△ ACAA课堂笔记

3.5 课堂实战——绘制扁平化插画

我们将利用本章所学路径相关知识绘制出一幅扁平化插画。

Step01 启动 Photoshop CC 2018 软件，新建一个 800×600 像素的图像文档，设置前景色为 # 9fe2ff，在工具箱中选择油漆桶工具进行填充，如图 3-91 所示。

Step02 设置前景色为 # 6e7c81，选择工具箱中的圆角矩形工具，拖动鼠标进行绘制，如图 3-92 所示。

图 3-91

图 3-92

Step03 选择工具箱中的圆角矩形工具，拖动鼠标进行绘制，设置"填充颜色"为 # 9db5b9，如图 3-93 所示。

Step04 设置前景色为白色，选择工具箱中的椭圆工具，按住 Shift 键拖动鼠标进行绘制，如图 3-94 所示。

图 3-93

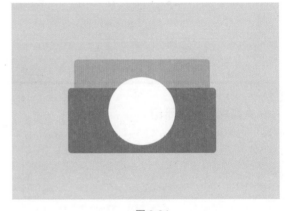

图 3-94

Step05 在工具箱中选择椭圆工具，在属性栏中设置"填充"为 ✎，"描边"为 4 像素，颜色为 # 6e7c81，按住 Shift 键拖动鼠标进行正圆形的绘制，如图 3-95 所示。

Step06 按住 Shift 键拖动鼠标绘制正圆形，设置填充颜色为 # 6e7c81，得到效果如图 3-96 所示。

Step07 绘制填充颜色为 # 6e7c81、"描边"为 1 像素、"颜色"为 # 535353 的矩形，如图 3-97 所示。

Step08 绘制填充颜色为 # 535353 的矩形，如图 3-98 所示。

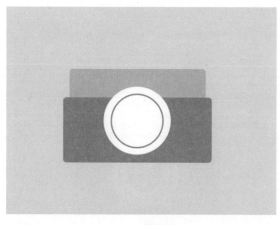

图 3-95

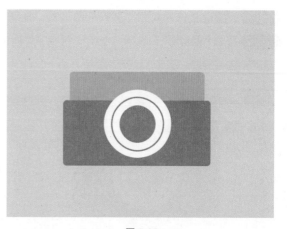

图 3-96

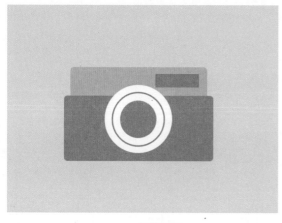

图 3-97

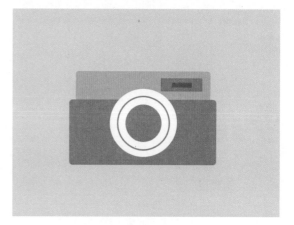

图 3-98

Step09 绘制填充颜色为 # 6e7c81 的两个矩形和圆角矩形，如图 3-99 所示。

Step10 新建"图层 1"，设置前景色为 # 6e7c81，画笔笔触"大小"为 2 像素，选择钢笔工具进行绘制，闭合路径后，鼠标右击任意位置，在弹出的快捷菜单中选择"描边路径"命令，在弹出的"描边路径"对话框中选择"画笔"工具，单击"确定"按钮即可，按 Ctrl+Enter 组合键建立选区，按 Ctrl+D 组合键取消选区，如图 3-100 所示。

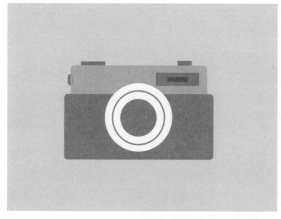

图 3-99

图 3-100

Step11 设置前景色为白色，选择椭圆工具，拖动鼠标进行绘制，如图 3-101 所示。

Step12 新建"图层 2"，选择自定义形状工具，拖动鼠标进行装饰图形绘制，最终效果如图 3-102 所示。

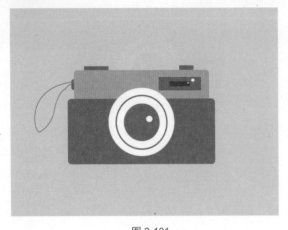

图 3-101　　　　　　　　　　　　　　　　图 3-102

至此，完成扁平化插画的制作。

3.6 课后作业

一、选择题

1. （　　）工具可以方便地选择连续的、颜色相似的选区。

　　A. 矩形选框　　　　　　　B. 椭圆选框　　　　　　　C. 魔棒　　　　　　　D. 磁性套索

2. 当执行"存储选区"命令后，选区是被存入（　　）。

　　A. "路径"面板　　　　　　B. "画笔"面板　　　　　　C. "图层"面板　　　　　　D. "通道"面板

3. 当将浮动的选择范围转换为路径时，所创建的路径的状态是（　　）。

　　A. 工作路径　　　　　　B. 开放的子路径　　　　　　C. 剪贴路径　　　　　　D. 填充的子路径

4. 下列关于路径不正确的是（　　）。

　　A. 路径只能是一段直线

　　B. 路径的主要特点是精确性

　　C. Photoshop 中有专门的"路径"面板来实现路径

　　D. 可以用钢笔工具来制作路径

5. 下列关于 Photoshop CC 描边的描述正确的是（　　）。

　　A. 图层样式的描边可以选择为虚线

　　B. 形状图层的描边可以选择为虚线

　　C. 对选区的描边可以选择为虚线

　　D. 描边不能为虚线，虚线需要手工绘制

二、填空题

1. 规则选框工具包括＿＿＿＿、椭圆选框工具、＿＿＿＿＿和单列选框工具。

2. 多边形套索工具其原理是使用＿＿＿＿＿作为选区局部的边界，由鼠标连续单击生成的线段连接起来形成一个多边形的选区。

3. 变换选区可以改变选区的形状，变换时选区内的图像将＿＿＿＿＿。

4. 钢笔工具创建完成后还可以进行再编辑，属于＿＿＿＿，使用它可以精确绘制出＿＿＿＿。

5. 描边路径能够以当前所使用的绘画工具沿＿＿＿＿创建描边。

三、上机题

1. 启动 Photoshop CC 2018 软件，打开背景图片，置入素材，抠出手臂和手机，抠选手机屏幕区域，置入背景图片，等比例缩小，制作画中画，如图 3-103 和图 3-104 所示。

图 3-103

图 3-104

思路提示：

◎ 选择快速选择工具抠出手臂和手机，并调整合适大小放置到合适位置。

◎ 选择矩形选框工具抠取手机屏幕区域。

◎ 复制背景图层并建立剪切蒙版。

◎ 执行"滤镜"|"模糊"|"高斯模糊"命令，模糊背景图层。

2. 启动 Photoshop CC 2018 软件，利用椭圆工具、自定义形状工具绘制扁平化一牙西瓜，如图 3-105 所示。

图 3-105

思路提示：

◎ 选择椭圆工具绘制椭圆。

◎ 选择直接选择工具将椭圆调整至半圆。

◎ 选择自定义形状工具绘制西瓜籽。

第〈**4**〉章 ——————

图像的绘制与修饰

内容导读

　　本章将主要介绍如何使用绘图工具绘制图像，以及如何灵活使用修图工具修饰图像，最终制作出自己想要的图像效果，真正做到为图像的美丽"加分"。重点对 Photoshop 中图像绘制工具、擦除工具、图像修饰工具以及图像修复工具等方面知识进行介绍。

Adobe
Photoshop
CC

学习目标

> » 熟练掌握画笔工具与擦除工具的使用方法；
>
> » 掌握多种修复工具的特性与使用方法。

4.1 图像绘制工具

在 Photoshop 中，可以使用画笔工具、铅笔工具、颜色替换工具、混合器画笔工具、历史记录画笔工具和历史记录艺术画笔工具等来绘制图像。了解并掌握这些绘图工具的功能与操作方法，才能绘制出更好的图像效果，同时也为图像处理的自由性提供了空间。

4.1.1 画笔工具和铅笔工具

使用画笔工具和铅笔工具能绘制出多种图形。

1. 画笔工具

"画笔工具" 是使用频率最高的工具之一。在开始绘图之前，应对其参数进行设置，选择画笔工具后，将会显示出该工具的属性栏，如图 4-1 所示。

图 4-1

其中，属性栏中主要选项的含义分别介绍如下。

◎ "工具预设"按钮 ：实现新建工具预设和载入工具预设等操作。
◎ "画笔预设"按钮 ：选择画笔笔尖，设置画笔大小和硬度。
◎ "模式"下拉列表框：设置画笔的绘图模式，即绘图时的颜色与当前颜色的混合模式。
◎ "不透明度"下拉列表框：设置在使用画笔绘图时所绘颜色的不透明度。数值越小，所绘出的颜色越浅，反之则越深。
◎ "流量"下拉列表框：设置使用画笔绘图时所绘颜色的深浅。若设置的流量较小，则其绘制效果如同降低透明度一样，但经过反复涂抹，颜色就会逐渐饱和。
◎ "启用喷枪样式的建立效果" ：单击该按钮即可启动喷枪功能，将渐变色调应用于图像，同时模拟传统的喷枪技术，Photoshop 会根据单击程度确定画笔线条的填充数量。
◎ "平滑"下拉列表框：可控制绘画时得到图像的平滑度，数值越大，平滑度越高。
◎ "绘板压力控制大小"按钮 ：使用压感笔压大小可以覆盖"画笔"面板中的"不透明度"和"大小"的设置。

> **知识点拨**
>
> 使用绘画板绘画时，可以在"画笔"面板和选项中通过设置钢笔压力、角度、旋转或光笔轮来控制应用颜色的方式。

2. 铅笔工具

"铅笔工具" 常用于绘制硬边线条。使用"铅笔工具" 可以绘制出硬边缘的效果，特别是绘制斜线，锯齿效果会非常明显，并且所有定义的外形光滑的笔刷也会被锯齿化。选择铅笔工具后，将会显示出该工具的属性栏，如图 4-2 所示。

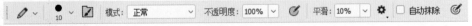

图 4-2

在属性栏中，除了"自动抹除"复选框外，其他选项的含义均与画笔工具相同。勾选"自动抹除"复选框，铅笔工具会自动选择是以前景色或背景色作为画笔的颜色。若起始点为前景色，则以背景色作为画笔颜色；若起始点为背景色，则以前景色作为画笔颜色。

按住 Shift 键的同时选中铅笔工具，在图像中拖动鼠标可以绘制出直线（水平或垂直方向）效果。如图 4-3 和图 4-4 所示为使用不同的铅笔样式绘制出的图像效果。

图 4-3   图 4-4

4.1.2 颜色替换工具

"颜色替换工具" 可以将选定的颜色替换为其他颜色，并能够保留图像原有材质的纹理与明暗，赋予图像更多变化。选择颜色替换工具后，将会显示出该工具的属性栏，如图 4-5 所示。

图 4-5

在属性栏中，各主要选项的含义介绍如下。

◎ "模式"下拉列表框：用于选择替换颜色的模式，包括"颜色""色相""饱和度"和"明度"几个选项。当选择"颜色"选项时，可以同时替换色相、饱和度和明度。

◎ "取样方式"按钮 ：用于设置所要替换颜色的取样方式，包括"连续" 、"一次" 和"背景色板" 三种方式。

◎ "限制"下拉列表框：用于指定替换颜色的方式。"连续"选项表示替换与取样点相接或邻近的颜色相似区域；"不连续"选项表示替换在容差范围内所有与取样颜色相似的像素；"查找边缘"选项表示替换与取样点相连的颜色相似区域，能较好地保留替换位置颜色反差较大的边缘轮廓。

◎ "容差"下拉列表框：用于控制替换颜色区域的大小。数值越小，替换的颜色就越接近色样颜色，所替换的范围也就越小，反之替换的范围越大。

◎ "消除锯齿"复选框：勾选该复选框，在替换颜色时，将得到较平滑的图像边缘。

颜色替换工具的使用方法很简单，即首先设置前景色，然后选择颜色替换工具，并设置其各选项参数值，在图像中进行涂抹即可实现颜色的替换，如图 4-6 和图 4-7 所示。

图 4-6

图 4-7

知识点拨

需要注意的是，颜色替换工具不能用于替换位图、索引颜色和多通道模式的图像。

■ **实例：替换沙发颜色**

我们将利用本小节所学颜色替换相关知识替换沙发颜色。

Step01 启动 Photoshop CC 2018 软件，执行"文件"|"打开"命令，打开"沙发.jpg"图像，如图 4-8 所示。

Step02 选择"颜色替换工具"，在属性栏里设置参数，如图 4-9 所示。

图 4-8

图 4-9

Step03 设置前景色为白色，使用颜色替换工具在图像中的沙发上进行涂抹，如图 4-10 所示。

图 4-10

至此，完成更换沙发颜色的操作。

■ 4.1.3　混合器画笔工具

"混合器画笔工具" 可以像传统绘画中混合颜料一样混合像素。使用该工具可以轻松模拟真实的绘画效果。选择混合器画笔工具后，将会显示出该工具的属性栏，如图 4-11 所示。

图 4-11

在属性栏中，各主要选项的含义介绍如下。

◎ "当前画笔载入" ：单击 色块可调整画笔颜色，单击右侧下拉按钮可以选择 "载入画笔" "清理画笔" 和 "只载入纯色" 命令。"每次描边后载入画笔" 按钮 和 "每次描边后清理画笔" 按钮 ，控制了每一笔涂抹结束后对画笔是否更新和清理。

◎ "潮湿" 下拉列表框：控制画笔从画布拾取的油彩量，较高的设置会产生较长的绘画条痕。

◎ "载入" 下拉列表框：指定储槽中载入的油彩量，载入速率较低时，绘画描边干燥的速度会更快。

◎ "混合" 下拉列表框：控制画布油彩量同储槽油彩量的比例。比例为 100% 时，所有油彩将从画布中拾取；比例为 0% 时，所有油彩都来自储槽。

◎ "流量" 下拉列表框：控制混合画笔流量大小。

◎ "描边平滑度" 下拉列表框：用于控制画笔抖动。

◎ "对所有图层取样" 复选框：拾取所有可见图层中的画布颜色。

■ 4.1.4　历史记录画笔工具和历史记录艺术画笔工具

"历史记录画笔工具" 是 Photoshop 中一个重要且常用的工具。在进行错误操作之后，可以使用历史记录画笔将图像编辑中的某个状态还原出来。

执行 "窗口" | "历史记录" 命令，弹出 "历史记录" 面板，如图 4-12 所示。单击执行过的相应操作步骤即可还原图像效果。历史记录画笔工具类似于一个还原器，比 "历史记录" 面板更具有弹性，使用它可以将图像恢复到某个历史状态下，图像中未被修改过的区域将保持不变。

图 4-12

历史记录画笔工具的具体操作方法为：选择"历史记录画笔工具" ，在其属性栏中可以设置画笔大小、模式、不透明度和流量等参数。完成后单击并按住鼠标不放，同时在图像中需要恢复的位置处拖动，光标经过的位置即可恢复为上一步中对图像进行操作的效果，而图像中未被修改过的区域将保持不变，如图4-13～图4-15所示。

图4-13　　　　　　　　　　　图4-14　　　　　　　　　　　图4-15

使用历史记录艺术画笔工具恢复图像时，将产生一定的艺术笔触，常用于制作富有艺术气息的绘画图像。选择"历史记录艺术画笔工具" ，在其属性栏中可以设置画笔大小、模式、不透明度、样式、区域和容差等参数，如图4-16所示。

图4-16

在"样式"下拉列表框中，可以选择不同的笔刷样式进行绘制。在"区域"文本框中可以设置历史记录艺术画笔描绘的范围，数值越大，影响的范围就越大。如图4-17和图4-18所示为使用历史记录艺术画笔工具绘制图像的效果。

图4-17　　　　　　　　　　　　　图4-18

4.2　画笔工具的设置

"画笔"面板并不是针对画笔工具属性的设置，而是针对大部分以画笔模式进行工作的工具。该面板主要控制各种笔尖属性的设置，如画笔工具、铅笔工具、仿制图章工具、历史记录画笔工具、橡皮擦工具、加深工具、模糊工具等。

4.2.1　设置画笔大小和硬度

在工具箱中选中"画笔工具"后，在其属性栏中单击画笔栏旁的下拉按钮 ，将弹出画笔预设面板，可以设置相关参数，如图4-19所示。"大小"是设置画笔笔刷的大小，"硬度"是控制画笔边缘的柔和程度。

在操作过程中可以使用 [键细化画笔或] 键加粗画笔。对于实边圆、柔边圆和书法画笔，按住 Shift+[组合键可以连续减小画笔硬度，按住 Shift+] 组合键可以连续增加画笔硬度。

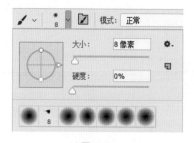

图 4-19

4.2.2 使用预设画笔

Photoshop 提供了许多常用的预设画笔。画笔属性的设置直接影响到最终绘制的图像效果，只有熟练掌握编辑画笔的方法，才能更好地使用画笔。在工具箱中选中"画笔工具"后，在其属性栏中单击"切换画笔面板"按钮，打开"画笔设置"面板。"画笔设置"面板中各选项介绍如下。

1. 画笔笔尖形状

单击"画笔设置"面板左侧"画笔笔尖形状"选项，在右侧可以设置当前画笔的大小、角度、圆度和间距等参数。

2. 形状动态

大小抖动控制在绘制过程中画笔笔迹大小的波动幅度。百分比值越大，则波动幅度越大。在"控制"下拉列表框中，如图4-20所示，"渐隐"参数数值越大，画笔渐隐消失的距离越长，变化越慢。其中"钢笔压力""钢笔斜度""光笔轮"等方式需要压感笔的支持。

图 4-20

3. 散布

"散布"用于控制画笔偏离绘画路线的程度和数量，如图 4-21 所示。"散布"选项设置界面中各选项作用如下。

◎ 散布：控制画笔偏离绘画路线的程度。百分比值越大，则偏离程度就越大。

◎ 两轴：勾选该复选框，则画笔将在 X、Y 两轴上发生分散，反之只在 X 轴上发生分散。

◎ 数量：控制绘制轨迹上画笔点的数量。该数值越大，画笔点越多。

◎ 数量抖动：用来控制每个空间间隔中画笔点的数量变化。该百分比值越大，得到的笔画中画笔的数量波动幅度越大。

4. 纹理

该画笔可以在画笔上添加纹理效果，勾选"笔画设置"面板左侧的"纹理"复选框，在右侧可以设置纹理的"叠加"模式、"缩放"比例、"深度"等参数，如图4-22所示。首先在"画笔设置"面板顶端的纹理列表框中选择需要的纹理效果，可以通过勾选"反相"复选框反转纹理效果。"纹理"选项设置界面中各选项作用如下。

图 4-21

◎ 缩放：拖动滑块或在文本框中输入数值，用于设置纹理的缩放比例。

◎ 为每个笔尖设置纹理：用来确定是否对每个画笔点都分别进行渲染，若没有勾选该复选框，则"深度""最小深度"和"深度抖动"参数无效。

◎ 模式：用于选择画笔和图案之间的混合模式。

◎ 深度：用来设置图案的混合程度，数值越大，图案越明显。

◎ 最小深度：用来确定纹理显示的最小混合程度。

◎ 深度抖动：用来控制纹理显示浓淡的抖动程度。该百分比值越大，波动幅度越大。

图 4-22

5. 双重画笔

双重画笔指的是使用两种笔尖形状创建的画笔。首先在"画笔设置"面板右侧"模式"下拉列表框中选择两种笔尖的混合模式，然后在笔尖形状列表框中选择一种笔尖作为画笔的第二个笔尖形状，再来设置叠加画笔的大小、间距、数量和散布等参数，如图 4-23 所示。

6. 颜色动态

"颜色动态"控制在绘画过程中画笔颜色的变化情况，如图 4-24 所示。设置动态颜色属性时，"画笔设置"面板下方的预览框并不会显示出相应的效果，动态颜色效果只有在图像窗口绘画时才会看到。"颜色动态"选项设置界面中各选项作用如下。

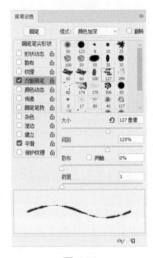

图 4-23

◎ 前景/背景抖动：用来设置画笔颜色在前景色和背景色之间变化。

◎ 色相抖动：指定绘画过程中画笔颜色色相的动态变化范围，该百分比值越大，画笔的色调发生随机变化时就越接近背景色色调，反之就越接近前景色色调。

◎ 饱和度抖动：指定画笔绘制过程中画笔颜色饱和度的动态变化范围，该百分比值越大，画笔的饱和度发生随机变化时就越接近背景色的饱和度，反之就越接近前景色的饱和度。

◎ 亮度抖动：指定画笔绘制过程中画笔亮度的动态变化范围，该百分比值越大，画笔的亮度发生随机变化时就越接近背景色亮度，反之就越接近前景色亮度。

◎ 纯度：设置绘画颜色的纯度。

图 4-24

7. 传递

勾选"画笔设置"面板左侧"传递"复选框，在右侧可以设置画笔的不透明度抖动和流量抖动参数，如图 4-25 所示。"不透明度抖动"指定画笔绘制过程中油墨不透明度的变化，"流量抖动"指定画笔绘制过程中油墨流量的变化。

8. 画笔笔势

画笔笔势选项用于调整毛刷画笔笔尖、侵蚀画笔笔尖的角度。

9. 其他选项设置

"画笔设置"面板中还有5个选项，选中任意一个选项会为画笔添加其相应的效果，但是这些选项不能调整参数。

- ◎ 杂色：在画笔边缘增加杂点效果。
- ◎ 湿边：使画笔边界呈现湿边效果，类似于水彩绘画。
- ◎ 建立：使画笔具有喷枪效果。
- ◎ 平滑：可以使绘制的线条更平滑。
- ◎ 保护纹理：勾选此复选框后，当使用多个画笔时，可模拟一致的画布纹理效果。

图 4-25

■ 4.2.3 导入画笔

在绘制过程中，除了软件本身自带的画笔预设，还可以导入画笔，简单地绘制更多的图形。在工具箱中选中"画笔工具"，在其属性栏中单击画笔栏旁的下拉按钮，弹出"画笔预设"面板，单击按钮，在弹出的下拉菜单中选择"导入画笔"命令，如图4-26所示，在弹出的窗口选择下载的笔刷文件，单击"载入"按钮即可。

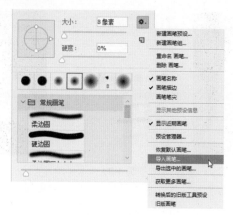

图 4-26

4.3 擦除工具

擦除工具包括"橡皮擦工具""背景橡皮擦工具"和"魔术橡皮擦工具"。擦除图像即对整幅图像中的部分区域进行擦除。

■ 4.3.1 橡皮擦工具

"橡皮擦工具" 主要用于擦除当前图像中的颜色。选择橡皮擦工具后，将会显示出该工具的属性栏，如图 4-27 所示。

图 4-27

在属性栏中，各主要选项的含义介绍如下。

◎ "模式"下拉列表框：包括"画笔""铅笔"和"块"3 个选项。若选择"画笔"或"铅笔"
选项，可以设置使用画笔工具或铅笔工具的参数，包括笔刷样式、大小等。若选择"块"选项，
橡皮擦工具将使用方块笔刷。

◎ "不透明度"下拉列表框：若不想完全擦除图像，则可以降低不透明度。

◎ "抹到历史记录"复选框：在擦除图像时，可以使图像恢复到任意一个历史状态。该方法常
用于恢复图像的局部到前一个状态。

■ 实例：橡皮擦的效果展示

我们将利用本小节所学的橡皮擦工具相关知识，向大家展示在不同图层模式下的擦除效果。

Step01 启动 Photoshop CC 2018 软件，执行"文件" | "打开"命令，打开"叶子 .jpg"图像，如图 4-28
所示。

Step02 在工具箱中设置背景色为白色，选择橡皮擦工具，在属性栏里设置参数，如图 4-29 所示。

Step03 使用橡皮擦工具在图像窗口中拖动鼠标，此时像素更改为背景色，如图 4-30 所示。

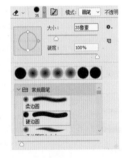

图 4-28   图 4-29   图 4-30

Step04 执行"窗口" | "历史记录"命令，弹出"历史记录"面板，选中未操作前的图层，如图 4-31 所示。

Step05 在"图层"面板中，单击背景图层后的"指示图层部分锁定" 按钮，解锁该图层，如图 4-32 所示。

Step06 使用橡皮擦工具在图像窗口中拖动鼠标，此时像素更改为透明效果，如图 4-33 所示。

图 4-31   图 4-32   图 4-33

至此，完成橡皮擦工具在不同图层模式下的擦除效果展示。

4.3.2 背景橡皮擦工具

"背景橡皮擦工具" <img_1/>可以用于擦除指定颜色，并将被擦除的区域以透明色填充。选择背景橡皮擦工具后，将会显示出该工具的属性栏，如图4-34所示。

图 4-34

在属性栏中，各主要选项的含义介绍如下。
◎ "限制"下拉列表框：在该下拉列表框中包含3个选项。若选择"不连续"选项，则擦除图像中所有具有取样颜色的像素；若选择"连续"选项，则擦除图像中与光标相连的具有取样颜色的像素；若选择"查找边缘"选项，则在擦除与光标相连区域的同时保留图像中物体锐利的边缘效果。
◎ "容差"下拉列表框：可设置被擦除的图像颜色与取样颜色之间差异的大小，取值范围为 0%～100%。数值越小，被擦除的图像颜色与取样颜色越接近，擦除的范围越小；数值越大，则擦除的范围越大。
◎ "保护前景色"复选框：选中该复选框，可防止具有前景色的图像区域被擦除。

■ 实例：背景橡皮擦的效果展示

我们将利用本小节所学的背景橡皮擦工具相关知识，向大家展示图像的擦除效果。
Step01 启动 Photoshop CC 2018 软件，执行"文件"|"打开"命令，打开"草原.jpg"图像，如图4-35所示。
Step02 在"图层"面板中，单击背景图层后的"指示图层部分锁定"按钮 🔒，解锁该图层，如图4-36所示。

图 4-35   图 4-36

Step03 选择背景橡皮擦工具，在属性栏中设置参数，如图4-37所示。

图 4-37

Step04 选择吸管工具，在图像中吸取树的颜色为前景色，吸取草原的黄色为背景色（单击"切换前景色和背景色"按钮 ↪ 进行切换），如图4-38所示。
Step05 选择背景橡皮擦工具，擦除黄色草原部分，如图4-39所示。

图 4-38

图 4-39

至此，完成背景橡皮擦工具的擦除效果展示。

4.3.3 魔术橡皮擦工具

"魔术橡皮擦工具" 是魔术棒工具和背景橡皮擦工具的综合，它是一种根据像素颜色来擦除图像的工具。选择魔术橡皮擦工具后，将会显示出该工具的属性栏，如图 4-40 所示。

图 4-40

在属性栏中，各主要选项的含义介绍如下。

◎ "消除锯齿"复选框：勾选该复选框，将得到较平滑的图像边缘。

◎ "连续"复选框：勾选该复选框，可使擦除工具仅擦除与单击处相连接的区域。

◎ "对所有图层取样"复选框：勾选该复选框，将利用所有可见图层中的组合数据来采集色样，否则只对当前图层的颜色信息进行取样。

使用魔术橡皮擦工具可以一次性擦除图像或选区中颜色相同或相近的区域，让擦除部分的图像呈透明效果。该工具能直接对背景图层进行擦除操作，而无须进行解锁。使用魔术橡皮擦工具擦除图像的前后对比如图 4-41 和图 4-42 所示。

图 4-41

图 4-42

知识点拨

在使用魔术橡皮擦工具时，容差的设置很关键，容差越大，颜色范围越广，擦除的部分也越多。

4.4 图像修饰工具

图像修饰工具包括加深工具、减淡工具、海绵工具、模糊工具、锐化工具和涂抹工具。

4.4.1 加深工具、减淡工具和海绵工具

加深工具、减淡工具和海绵工具可以对图像的局部进行色调和颜色的调整，使作品呈现立体感。

1. 加深工具

"加深工具" ⚲ 主要用于加深阴影效果。使用加深工具可以改变图像特定区域的曝光度，从而使该区域变暗。选择加深工具后，将会显示出该工具的属性栏，如图4-43所示。

图4-43

在属性栏中，各主要选项的含义介绍如下。
- ◎ "范围"下拉列表框：用于设置加深的作用范围，包括3个选项，分别为"阴影""中间调"和"高光"。
- ◎ "曝光度"下拉列表框：用于设置对图像色彩减淡的程度，取值范围在0%~100%之间，输入的数值越大，对图像减淡的效果就越明显。
- ◎ "保护色调"复选框：选中该复选框后，使用加深工具或减淡工具进行操作时可以尽量保护图像原有的色调不失真。

■ 实例：加深图像阴影效果

我们将利用本小节所学的加深工具相关知识，加深图像阴影效果，使其更有层次感。

Step01 启动Photoshop CC 2018软件，执行"文件"|"打开"命令，打开Cake.jpg图像，如图4-44所示。

Step02 在工具箱中选择"加深工具" ⚲，将鼠标移到图像窗口中，单击并拖动鼠标，在图像暗部进行涂抹，如图4-45所示。

图4-44

图4-45

至此，完成加深图像阴影效果的操作。

2. 减淡工具

"减淡工具" 可以使图像的颜色更加明亮。使用减淡工具可以改变图像特定区域的曝光度，从而使该区域变亮。

在工具箱中选中"减淡工具" ，在属性栏中进行设置后将鼠标移动到需处理的位置，单击并拖动鼠标进行涂抹即可应用减淡效果，如图 4-46 和图 4-47 所示。

图 4-46

图 4-47

3. 海绵工具

"海绵工具" 为色彩饱和度调整工具，可用来增加或减少一种颜色的饱和度或浓度。当增加颜色的饱和度时，其灰度就会减少；饱和度为 0% 的图像为灰度图像。选择海绵工具后，将会显示出该工具的属性栏，如图 4-48 所示。

图 4-46

在属性栏中，各主要选项的含义介绍如下。

◎ "模式"下拉列表框：包括"加色"和"去色"两个选项。选择"加色"选项可增加图像颜色的饱和度；选择"去色"选项则降低图像颜色的饱和度。

◎ "流量"下拉列表框：用于设置饱和或不饱和的程度。

◎ "自然饱和度"复选框：勾选该复选框后，可以在增加饱和度的同时防止颜色过度饱和而产生溢色现象。

在工具箱中选中"海绵工具" ，在属性栏中进行设置后将鼠标移动到需处理的位置，单击并拖动鼠标进行涂抹即可，涂抹效果如图 4-49 和图 4-50 所示。

图 4-49

图 4-50

4.4.2 模糊工具、锐化工具和涂抹工具

模糊工具组包括模糊工具、锐化工具和涂抹工具，使用模糊工具组中的工具可以对图像进行清晰或模糊处理。

1. 模糊工具

"模糊工具" ◊ 可以降低图像相邻像素之间的对比度，使图像边界区域变得柔和，产生一种模糊效果，以凸显图像的主体部分。模糊工具还可以柔化粘贴到某个文档中的参差不齐图像的边界，使之更加平滑地融入到背景。选择模糊工具后，将会显示出该工具的属性栏，如图 4-51 所示。

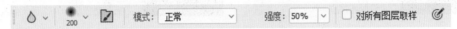

图 4-51

在属性栏中，各主要选项的含义介绍如下。

◎ "模式"下拉列表框：包括"正常""变暗""变亮""色相""饱和度""颜色"和"明度"几个选项。

◎ "强度"下拉列表框：用于设置模糊的强度，数值越大，模糊效果越明显。

在工具箱中选中"模糊工具" ◊，在属性栏中进行设置后将鼠标移动到需处理的位置，单击并拖动鼠标进行涂抹即可应用模糊效果，如图 4-52 和图 4-53 所示。

图 4-52

图 4-53

2. 锐化工具

"锐化工具" △ 用于增加图像中像素边缘的对比度和相邻像素间的反差，提高图像清晰度或聚焦程度，从而使图像产生清晰的效果。通过属性栏中模式的切换，即可控制要影响的图像区域。"强度"下拉列表框中的数值越大，锐化效果越明显。选择锐化工具后，将会显示出该工具的属性栏，如图 4-54 所示。

图 4-54

■ 实例：使用锐化工具使图像更清晰

我们将利用本小节所学的锐化工具相关知识，使模糊的图像变得更加清晰。

Step01 启动 Photoshop CC 2018 软件，执行"文件"|"打开"命令，打开"金毛 .jpg"图像，如图 4-55 所示。

Step02 在工具箱中选中"锐化工具" △，将鼠标移到图像窗口中，单击并拖动鼠标进行涂抹，如图 4-56 所示。

图 4-55

图 4-56

至此，完成使模糊的图像变得更加清晰的操作。

3. 涂抹工具

"涂抹工具" 🖐 的作用是模拟手指进行涂抹绘制的效果，提取最先单击处的颜色与鼠标拖动经过的颜色相融合挤压，以产生模糊的效果。选择涂抹工具后，将会显示出该工具的属性栏，如图 4-57 所示。

图 4-57

在该属性栏中，若勾选"手指绘画"复选框，单击鼠标拖动时，则使用前景色与图像中的颜色相融合；若取消勾选该复选框，则使用开始拖动时的图像颜色，涂抹效果如图 4-58 和图 4-59 所示。

图 4-58

图 4-59

知识点拨

在索引颜色或位图模式的图像上不能使用涂抹工具。

4.5 图像修复工具

Photoshop CC 2018 为用户提供了污点修复画笔工具、修复画笔工具、修补工具、红眼工具、仿制图章工具和图案图章工具 6 种修复工具，用户可根据具体情况选择工具，对照片进行一定的修复。

4.5.1　污点修复画笔工具

"污点修复画笔工具" 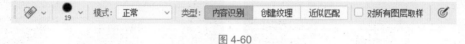 是将图像的纹理、光照和阴影等与所修复的图像进行自动匹配。该工具不需要进行取样定义样本，它可以通过在瑕疵处单击，自动从所修饰区域的周围进行取样来修复单击的区域。选择污点修复画笔工具后，将会显示出该工具的属性栏，如图4-60所示。

图 4-60

在属性栏中，各主要选项的含义介绍如下。

◎ "类型"：选中"内容识别"按钮，将使用的图像内容，不留痕迹地填充选区，同时保留让图像栩栩如生的关键细节，如阴影和对象边缘；选中"创建纹理"按钮，将使用选区中的所有像素创建一个用于修复该区域的纹理；选中"近似匹配"按钮，将使用选区边缘周围的像素来查找要用作选定区域修补的图像区域。

◎ "对所有图层取样"复选框：勾选该复选框，可使取样范围扩展到图像中所有的可见图层。

在工具箱中选中"污点修复画笔工具" ，在需要修补的位置处单击并拖动鼠标，释放鼠标即可修复图像中的某个对象，如图4-61和图4-62所示。

图 4-61

图 4-62

4.5.2　修复画笔工具

"修复画笔工具" 与"污点修复画笔工具" 相似，最根本的区别在于：使用修复画笔工具前需要指定样本，即在无污点位置进行取样，再用取样点的样本图像来修复图像。与仿制图章工具相同，用于修补瑕疵，可以从图像中取样或用图案填充图像。"修复画笔工具"在修复图像时，在颜色上会与周围颜色进行一次运算，使其更好地与周围颜色融合。选择修复画笔工具后，将会显示出该工具的属性栏，如图4-63所示。

图 4-63

在该属性栏中，选中"取样"按钮，表示修复画笔工具对图像进行修复时以图像区域中某处颜色作为基点；选中"图案"按钮，可在其右侧的下拉列表中选择已有的图案用于修复。

在工具箱中选中"修复画笔工具" ，按住 Alt 键的同时在其他的图像区域单击取样，释放 Alt 键后在需要清除的图像区域单击即可修复，如图4-64和图4-65所示。

图 4-64　　　　　　　　　　　　　　　　　　　图 4-65

4.5.3　修补工具

"修补工具" 和 "修复画笔工具" 类似，是使用图像中其他区域或图案中的像素来修复选中的区域。修补工具会将样本像素的纹理、光照和阴影与源像素进行匹配。

选择修补工具后，将会显示出该工具的属性栏，如图 4-66 所示。其中，若选中"源"按钮，则修补工具将从目标选区修补源选区；若选中"目标"按钮，则修补工具将从源选区修补目标选区。

图 4-66

在工具箱中选中"修补工具" ，在属性栏中设置参数，在图像中沿需要修补的部分绘制出一个随意性的选区，拖动选区到其他部分的图像上，释放鼠标即可用其他部分的图像修补有缺陷的图像区域，如图 4-67 和图 4-68 所示。

图 4-67　　　　　　　　　　　　　　　　　　图 4-68

实例：人物脸部修复

我们将利用本小节所学的图像修复工具相关知识修复人物脸部皮肤。

Step01 启动 Photoshop CC 2018 软件，执行"文件"|"打开"命令，打开"女孩 .jpg"图像，如图 4-69 所示。

Step02 按 Ctrl+J 组合键复制图层，在工具箱中选中"污点修复画笔工具" ，设置参数，如图 4-70 所示。

图 4-69 图 4-70

Step03 放大图像，用鼠标单击脸部雀斑处进行修复。如图 4-71 和图 4-72 所示为脸部修复前后效果。

图 4-71 图 4-72

Step04 在工具箱中选择混合器画笔工具，在属性栏中设置其参数，如图 4-73 所示。

图 6-73

Step05 在工具箱中选择混合器画笔工具，在脸部进行肤质修复，鼠标拖动的同时按 [键和] 键控制画笔的大小，效果如图 4-74 和图 4-75 所示。

图 4-74 图 4-75

至此，完成人物脸部修复的操作。

4.5.4 红眼工具

在使用闪光灯或在光线昏暗处进行人物拍摄时，拍出的照片人物眼睛容易泛红，这种现象即我们常说的红眼现象。Photoshop 提供的红眼工具可以去除照片中人物眼睛中的红点，以恢复眼睛光感。在工具箱中选中"红眼工具" ，在属性栏中设置瞳孔大小，设置其瞳孔的变暗程度，数值越大颜色越暗，在图像中红眼位置处单击即可，如图 4-76 和图 4-77 所示。

图 4-76

图 4-77

4.5.5 仿制图章工具和图案图章工具

图章工具是常用的修饰工具，主要用于对图像的内容进行复制和修复。图章工具包括仿制图章工具和图案图章工具。

1. 仿制图章工具

"仿制图章工具" 的作用是将取样图像应用到其他图像或同一图像的其他位置。仿制图章工具在操作前需要从图像中取样，然后将样本应用到其他图像或同一图像的其他部分。仿制图章工具与修复画笔工具的区别在于使用仿制图章工具复制出来的图像在色彩上与原图是完全一样的，因此仿制图章工具在进行图片处理时，用处很广泛。选择仿制图章工具后，将会显示出该工具的属性栏，如图 4-78 所示。

图 4-78

在属性栏中，若勾选"对齐"复选框，则可以对像素连续取样，而不会丢失当前的取样点；若取消勾选"对齐"复选框，则会在每次停止并重新开始绘画时使用初始取样点中的样本像素。

在工具箱中选中仿制图章工具，在属性栏中设置工具参数，按住 Alt 键，在图像中单击取样，释放 Alt 键后在需要修复的图像区域单击即可仿制出取样处的图像，如图 4-79 和图 4-80 所示。

ACAA课堂笔记

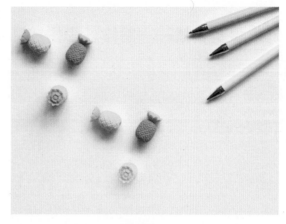

图 4-79   图 4-80

知识点拨

    取样点即为复制的起始点。选择不同的笔刷直径会影响绘制的范围，不同的笔刷硬度会影响绘制区域的边缘融合效果。

2. 图案图章工具

    "图案图章工具" 是将系统自带的或用户自定义的图案进行复制，并应用到图像中。图案可以用来创建特殊效果、背景网纹或壁纸设计等。选择图案图章工具后，将会显示出该工具的属性栏，如图 4-81 所示。

图 4-81

    在属性栏中，若勾选"对齐"复选框，每次单击拖曳得到的图像效果是图案重复衔接拼贴；若取消勾选"对齐"复选框，多次复制时会得到图像的重叠效果。

    首先使用矩形选框工具选取要作为自定义图案的图像区域，然后执行"编辑"|"定义图案"命令，弹出"图案名称"对话框，为选区命名并保存，选中图案图章工具，在属性栏的"图案"下拉列表中选择所需图案，将鼠标移到图像窗口中，按住鼠标左键并拖动，即可使用选择的图案覆盖当前区域的图像，如图 4-82 和图 4-83 所示。

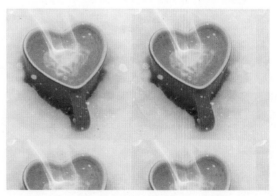

图 4-82   图 4-83

4.6 课堂实战——制作多彩拼接海报

我们将利用本章所学画笔相关知识制作出一幅多彩拼接海报。

Step01 启动 Photoshop CC 2018 软件，新建文档，如图 4-84 所示。

Step02 设置背景色为 #fff0c2，按 Ctrl+Delete 组合键填充背景，如图 4-85 所示。

图 4-84   图 4-85

Step03 设置前景色为绿色、背景色为蓝色，打开"画笔设置"面板，设置其参数，如图 4-86～图 4-88 所示。

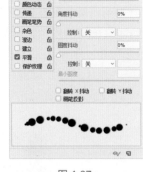

图 4-86   图 4-87   图 4-88

Step04 新建图层，选中工具箱中的画笔工具，在图像中按住 Shift 键绘制水平线。按 Ctrl+T 组合键自由变换图形，按住 Alt 键沿竖直方向将拉长图像、在水平方向将缩小图像，如图 4-89 所示。

Step05 选中工具箱中的矩形选框工具，框选其中一段，按 Ctrl+J 组合键复制图层选区，按 Delete 键删除原先图层，如图 4-90 所示。

Step06 对复制出的图层进行自由变换，按住 Shift 键将其旋转 45°并放置在右上角，如图 4-91 所示。

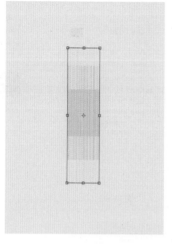

图 4-89

图 4-90

图 4-91

Step07 设置前景色为浅绿色、背景色为绿色，使用同样的方法绘制出另外一个彩色拼接矩形，并摆放在合适的位置，如图 4-92 所示。

Step08 其他色块制作方法均与之前的方法相同，只需更改前景色和背景色即可，将色块铺满整个画面，如图 4-93 所示。

Step09 设置前景色为白色，在工具箱中选中横排文字工具，输入两组文字"Do what you"和"gonna do"，如图 4-94 所示。

图 4-92

图 4-93

图 4-94

Step10 选中"Do what you"文字图层，鼠标右击，在弹出的快捷菜单中选择"图层样式"命令，在打开的"图层样式"对话框中进行"描边"和"投影"参数设置，如图 4-95 和图 4-96 所示。

Step11 对"gonna do"文字图层进行相同的设置，效果如图 4-97 所示。

Step12 在工具箱中选择矩形工具绘制矩形，在"图层"面板中设置不透明度为18%，并将其置于文字图层下方，效果如图 4-98 所示。

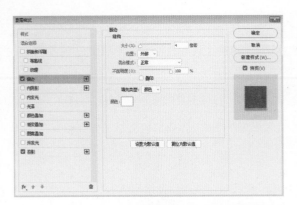

图 4-95

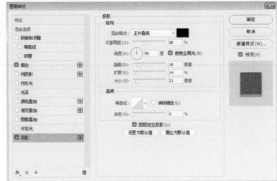

图 4-96

图 4-97

图 4-98

至此，完成多彩拼接海报的制作。

进行自由变换旋转时，按住 Shift 键将以每隔 15°的方式进行旋转。

ACAA课堂笔记

一、选择题

1. 在画笔使用中，可按（　　）组合键减小画笔硬度。

　　A. Shift+[　　　　　　B. Shift+]　　　　　　　　C. Ctrl +[　　　　　　　　D. Ctrl+]

2. （　　）不属于图像修复工具。

　　A. 修补工具　　　　B. 仿制图章工具　　　　　C. 海绵工具　　　D. 污点修复画笔工具

3. 对背景色橡皮擦工具与魔术橡皮擦工具描述不正确的是（　　）。

　　A. 背景色橡皮擦工具与橡皮擦工具使用方法基本相似，背景色橡皮擦工具可将颜色擦掉变成
　　　　没有颜色的透明部分

　　B. 魔术橡皮擦工具可根据颜色近似程度来确定将图像擦成透明的程度

　　C. 背景色橡皮擦工具属性栏中的"容差"选项是用来控制擦除颜色的范围

　　D. 魔术橡皮擦工具属性栏中的"容差"选项在执行后只擦除图像连续的部分

4. 关于模糊工具和锐化工具的使用描述不正确的是（　　）。

　　A. 都用于对图像细节进行装饰

　　B. 按住 Shift 键可以在这两个工具之间进行切换

　　C. 模糊工具可降低相邻像素的对比度

　　D. 锐化工具可增强相邻像素的对比度

5. 在 Photoshop 中使用仿制图章工具，按住（　　）并单击可以确定取样点。

　　A. Alt 键　　　　　B. Ctrl 键　　　　　　　　C. Shift 键　　　　　　　　D. Alt+Shift 组合键

二、填空题

1. 按住_____的同时单击铅笔工具，在图像中拖动鼠标可以绘制出_____效果。

2. 背景橡皮擦工具可以用于擦除指定颜色，并将被擦除的区域以_____填充。

3. 海绵工具为_____调整工具，可用来增加或减少一种颜色的_____或浓度。

4. 污点修复画笔工具是将图像的_____、光照和_____等与所修复的图像进行自动匹配。

5. 图章工具是常用的_____，主要用于对图像的内容进行_____和_____。

三、上机题

1. 启动 Photoshop CC 2018 软件，使用图像修复工具修复人物皮肤，如图 4-99 和图 4-100 所示。

图 4-99　　　　　　　　　　　　　　　　图 4-100

第 4 章　图像的绘制与修饰

思路提示：

◎ 选择污点修复画笔工具和修补工具修复人物皮肤。

◎ 选择混合器画笔工具调整人物皮肤。

◎ 选择曲线工具调整图像明暗。

2. 启动 Photoshop CC 2018 软件，选择图像修饰工具中的涂抹工具，绘制毛茸茸效果的图形，如图 4-101 所示。

图 4-101

思路提示：

◎ 选择自定义形状工具中的"红心形卡"。

◎ 执行"滤镜"|"杂色"|"添加杂色"命令（数量 12、高斯分布、单色）。

◎ 执行"滤镜"|"模糊"|"高斯模糊"命令（半径 1.5 像素）。

◎ 执行"滤镜"|"模糊"|"径向模糊"命令（数量 20、模糊缩放）。

◎ 选择涂抹工具在心形边缘涂抹出毛茸茸效果（像素 2~6、强度 60%~80%）。

◎ 新建图层，选择画笔工具绘制阴影部分。

第 5 章

图层的应用

内容导读

图层是进行平面设计的创作平台，是 Photoshop 的核心功能，在 Photoshop 中的任何操作都是基于图层来完成的，利用图层可以将不同的图像放在不同的图层中进行独立的操作，而它们之间互不影响。本章将对图层基本操作和图层样式等方面进行介绍。

学习目标

>> 熟悉图层的作用及基本操作；

>> 熟悉图层组的创建与编辑操作；

>> 掌握并运用图层样式。

在 Photoshop 中编辑图像时，图层的应用是必不可缺的。通过建立图层，然后在各个图层中分别编辑图像的各个元素，从而产生富有层次又彼此关联的整体图像效果。

■ 5.1.1　图层的类型

常见的图层类型包括背景图层、普通图层、文本图层、蒙版图层、形状图层、调整图层以及填充图层等。下面将对其分别进行介绍。

1. 背景图层

背景图层即叠放于各图层最下方的一种特殊的不透明图层，它以背景色为底色。用户可以在背景图层中自由涂画和应用滤镜，但不能移动位置和改变叠放顺序，也不能更改其不透明度和混合模式。使用橡皮擦工具擦除背景图层时会得到背景色。

2. 普通图层

普通图层即最普通的一种图层，在 Photoshop 中显示为透明。用户可以根据需要在普通图层上随意添加与编辑图像。在隐藏背景图层的情况下，图层的透明区域显示为灰白方格，如图 5-1 和图 5-2 所示。

3. 文本图层

文本图层主要用于输入文本内容，当用户选择文字工具在图像中输入文字时，系统将会自动创建一个文字图层。若要对其进行编辑操作应先选择"栅格化"命令，将其转换为普通图层，如图 5-3 所示。

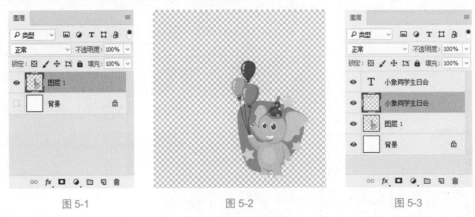

图 5-1　　　　　　　　　图 5-2　　　　　　　　　图 5-3

4. 蒙版图层

蒙版是图像合成的重要手段，蒙版图层中的黑、白和灰色像素控制着图层中相应位置图像的透明程度。其中，白色表示显示的区域，黑色表示未显示的区域，灰色表示半透明区域。此类图层缩览图的右侧会显示一个黑白的蒙版图像，如图 5-4 所示。

5. 形状图层

使用形状工具或钢笔工具可以创建形状图层。形状会自动填充当前的前景色，也可以很方便地改用其他颜色、渐变或图案来进行填充，如图 5-5 所示。

6. 调整图层和填充图层

调整图层主要用于存放图像的色调与色彩，以及调节该层以下图层中图像的色调、亮度和饱和度等。它对图像的色彩调整很有帮助，该图层的引入解决了存储后图像不能再恢复到以前色彩的状况。若图像中没有任何选区，则调整图层作用于其下方所有图层，但不会改变下面图层的属性。

填充图层的填充内容可为纯色、渐变或图案，如图 5-6 所示。

图 5-4　　　　　　　　　图 5-5　　　　　　　　　图 5-6

5.1.2　"图层"面板

"图层"面板是用于创建、编辑和管理图层以及图层样式的一种直观的控制器。执行"窗口"|"图层"命令，弹出"图层"面板，如图 5-7 所示。

在"图层"面板中，各主要选项的含义介绍如下。

◎ "打开面板菜单" ▤：单击该图标，可以打开"图层"面板的设置菜单。

◎ 图层滤镜：位于"图层"面板的顶部，显示基于名称、效果、模式、属性或颜色标签的图层的子集。使用新的过滤选项可以帮助用户快速地在复杂文档中找到关键层。

◎ 图层的混合模式：用于选择图层的混合模式。

◎ "不透明度"下拉列表框：用于设置当前图层的不透明度。

图 5-7

◎ 锁定：用于对图层进行不同的锁定，包括锁定透明像素 ▨、锁定图像像素 ✎、锁定位置 ✛、防止在画板内外自动嵌套 ▥ 和锁定全部 🔒 几个按钮。

◎ "填充"下拉列表框：可以在当前图层中调整某个区域的不透明度。

◎ "指示图层可见性" ◉：用于控制图层显示或者隐藏，不能编辑在隐藏状态下的图层。

◎ 图层缩览图：指图层图像的缩小图，方便确定调整的图层。

◎ 图层名称：用于定义图层的名称，若想要更改图层名称，只需双击要重命名的图层，输入名称即可。

◎ "图层按钮组" ∞ fx. ▣ ◉. ▢ ◻ 🗑：在"图层"面板底端的 7 个按钮分别是链接图层 ∞、添加图层样式 fx.、添加图层蒙版 ▣、创建新的填充或调整图层 ◉.、创建新组 ▢、创建新图层 ◻ 和删除图层 🗑，它们是图层操作中常用的命令按钮。

5.2 图层的基本操作

对图像的创作和编辑离不开图层,因此对图层的基本操作必须熟练掌握。在 Photoshop CC 2018 中,图层的操作包括选择、新建、复制、删除、合并以及调整图层叠放顺序等。

5.2.1 选择图层

在对图像进行编辑之前,要选择相应图层作为当前工作图层,此时只需将光标移动到"图层"面板上,当其变为 🖑 形状时单击需要选择的图层即可。或者在工具箱中选择移动工具,在其属性栏中勾选"自动选择"复选框,在图像编辑窗口中单击图像,"图层"面板会自动转到选择图像所在的图层。

若选择多个连续图层,单击第一个图层的同时按住 Shift 键单击最后一个图层即可,如图 5-8 所示;若选择多个非连续图层,按住 Ctrl 键的同时单击需要选择的图层即可,如图 5-9 所示。

图 5-8   图 5-9

> **知识点拨**
>
> 如果按住 Ctrl 键选择多个非连续图层,只能单击其他图层的名称,不能单击图层的缩览图,否则会载入图层的选区。

5.2.2 新建图层

默认状态下,打开或新建的文件只有背景图层。新建图层有多种方法,执行"图层"|"新建"|"图层"命令(或按 Ctrl+Shift+N 组合键),将弹出"新建图层"对话框,单击"确定"按钮即可,如图 5-10 所示。或者在"图层"面板中,单击"创建新图层"按钮 ⬛,即可在当前图层上面新建一个图层,新建的图层会自动成为当前图层。

图 5-10

除此之外，还应该掌握其他图层创建的方法。

1. 文字图层

选择文字工具，在图像中单击鼠标，出现闪烁光标后输入文字，按 Ctrl+Enter 组合键确认即可创建文字图层。

2. 形状图层

选择自定形状工具，打开属性栏，在"形状"下拉列表中选择相应的形状，在图像上单击并拖动鼠标，即可自动生成形状图层。

3. 填充或调整图层

单击"图层"面板下方的"创建新的填充或调整图层"按钮 ●.，在弹出的下拉菜单中选择相应的命令，即可在"图层"面板中出现调整图层或填充图层。

■ 5.2.3 复制与删除图层

复制图层在编辑图像的过程中应用非常广泛，根据实际需要可以在同一个图像中复制图层，也可以在不同的图像间复制图层。复制副本图层可以避免因为操作失误造成的图像效果的损失。

选择需要复制的图层，将其拖动到"创建新图层"按钮 ◻ 上即可复制出一个副本图层，如图 5-11 所示，或者直接按 Ctrl+J 组合键复制图层，或者选中需要复制的图像按住 Alt 键，出现 ▶ 形状时右击鼠标并拖动，即可复制图层。

为了减少图像文件占用的磁盘空间，在编辑图像时，通常会将不再使用的图层删除。具体的操作方法是右击需要删除的图层，在弹出的快捷菜单中选择"删除图层"命令即可。

除此之外，还可以选中要删除的图层，将其拖动到"删除图层"按钮 🗑 上即可删除图层，如图 5-12 所示，或者直接按 Delete 键删除图层。

图 5-11

图 5-12

知识点拨

如需修改图层名称，只需在图层名称上双击，图层名称变成蓝色的编辑状态，此时输入新的图层名称，按 Enter 键确定即可。

5.2.4 合并图层

在编辑过程中，为了缩减文件内存，经常会将几个图层进行合并编辑。用户可根据需要对图层进行合并，从而减少图层的数量以便操作。

1．合并图层

当需要合并两个或多个图层时，在"图层"面板中选中要合并的图层，执行"图层" | "合并图层"命令或单击"图层"面板右上角的 ≡ 按钮，在弹出的下拉菜单中选择"合并图层"命令，即可合并图层，或按 Ctrl+E 组合键合并图层，如图 5-13 和图 5-14 所示。

图 5-13   图 5-14

2．合并可见图层

合并可见图层就是将图层中可见的图层合并到一个图层中，而隐藏的图层则保持不动。执行"图层" | "合并可见图层"命令或者按 Ctrl+Shift+E 组合键即可合并可见图层。合并后的图层以合并前选择的图层名称命名，如图 5-15 和图 5-16 所示。

图 5-15   图 5-16

3．拼合图像

拼合图像就是将所有可见图层进行合并，而丢弃隐藏的图层。执行"图层" | "拼合图像"命令，Photoshop CC 2018 会将所有处于显示的图层合并到背景图层中。若有隐藏的图层，在拼合图像时会弹出提示对话框，询问是否要扔掉隐藏的图层，单击"确定"按钮即可。

Adobe Photoshop CC 课堂实录

知识点拨

"盖印"图层是一种合并图层的特殊方法，可以将多个图层的内容合并到一个新的图层中，同时保持原始图层的内容不变，按 Ctrl+Alt+Shift+E 组合键即可。

5.2.5 图层的对齐与分布

在编辑图像的过程中，常常需要将多个图层进行对齐或分布排列。对齐图层是指将两个或两个以上图层按一定规律进行对齐排列，以当前图层或选区为基础，在相应方向上对齐。执行"图层"|"对齐"命令，在弹出的级联菜单中选择相应的对齐方式即可，如图 5-17 所示。

分布图层是指将 3 个以上图层按一定规律在图像窗口中进行分布。在"图层"面板中选择图层后，执行"图层"|"分布"命令，在弹出的级联菜单中选择所需的分布方式即可，如图 5-18 所示。

图 5-17   图 5-18

知识点拨

选择移动工具，在属性栏中提供了一组"对齐"按钮 ▜ ♦ ▙ ▊ ♦ ▆ 和一组"分布"按钮 ▇ ▆ ▁ ▐ ♦ ▌，选择需要调整的图层后即可激活这些按钮，单击相应的按钮即可快速对图像进行对齐和分布。

实例：使用"对齐"和"分布"命令为小动物排序

我们将利用本小节所学的对齐和分布工具组的相关知识，为动物园的小动物从低到高进行排序。

Step01 启动 Photoshop CC 2018 软件，执行"文件"|"打开"命令，打开"动物园 .psd"文件，如图 5-19 所示。

Step02 选择移动工具，将动物从低到高依次排列，如图 5-20 所示。

图 5-19   图 5-20

第 5 章

图层的应用

Step03 按住 Shift 键，选择"图层 1"~"图层 6"，如图 5-21 所示。

Step04 在属性栏中单击"底对齐"按钮 ⊾ 和"水平居中分布"按钮 ⅈⅈⅈ，效果如图 5-22 所示。

图 5-21

图 5-22

至此，完成小动物排序的操作。

◼ 5.2.6 创建与编辑图层组

图层组就是将多个图层归为一个组，这个组可以在不需要操作时折叠起来，无论组中有多少图层，折叠后只占用相当于一个图层的空间，并方便管理图层，提高工作效率。

1. 创建和删除图层组

单击"图层"面板底部的"创建新组"按钮 ▢，如图 5-23 所示。或者在"图层"面板中，选中多个图层，将其拖动到面板底部的"创建新组"按钮 ▢，即"从图层创建组"，如图 5-24 所示。

创建后图层组前有一个"扩展"按钮 ❯，单击该按钮，按钮呈 ⌄ 状态时即可查看图层组中包含的图层，再次单击该按钮即可将图层组层叠，如图 5-25 所示。

图 5-23

图 5-24

图 5-25

对于不需要的图层组，可以选择删除。首先选择要删除的图层组，单击"删除图层"按钮 🗑，弹出如图 5-26 所示的提示对话框。若单击"组和内容"按钮，则在删除组的同时还将删除组内的图层；若单击"仅组"按钮，则只删除图层组，并不删除组内的图层。

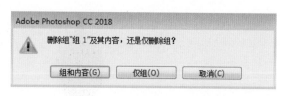

图 5-26

2. 图层组的移动

创建图层组后，可在"图层"面板中将现有的图层拖入组中。选择需要移入的图层，将其拖动到创建的图层组上，当出现黑色双线时释放鼠标即可将图层移入图层组中。将图层移出图层组的方法与之相似。

两个图层组中的图层也可以进行移动。选择需要移入到另一个图层组的图层，将图层拖动到另一个图层组上，出现黑色双线时释放鼠标即可，如图 5-27 和图 5-28 所示。

图 5-27   图 5-28

3. 合并和取消图层组

虽然利用图层组制作图像较为方便，但某些时候可能需要合并一些图层组。具体的操作方法是，选中要合并的图层组后单击鼠标右键，在弹出的快捷菜单中选择"合并组"命令，即可将图层组中的所有图层合并为一个图层。

如果要取消图层组，可以在图层的名称上单击鼠标右键，在弹出的快捷菜单中选择"取消图层编组"命令即可。

■ 实例：制作小清新壁纸

我们将利用本小节所学的图层相关知识制作出一幅小清新壁纸。

Step01 启动 Photoshop CC 2018 软件，新建文档，如图 5-29 所示。

Step02 按 Shift+F5 组合键，在弹出的"填充"对话框中设置填充颜色为 #3f380c，如图 5-30 所示。

Step03 执行"文件"|"置入嵌入对象"命令，在弹出的"置入嵌入的对象"对话框中选择"菠萝.jpg"，单击"置入"按钮，按 Enter 键确定，如图 5-31 所示。

Step04 按 Ctrl+T 组合键自由变换图形，按住 Shift 键等比例缩小图形，调整完成后将其放置在左上角，按 Enter 键确定，如图 5-32 所示。

图 5-29　　　　　　　　　　图 5-30　　　　　　　　　　图 5-31　　　　　　　　　　图 5-32

Step05 选中该图层，在名称处单击鼠标右键，在弹出的快捷菜单中选择"栅格化图层"命令，按住 Alt 键的同时在图像编辑窗口使用移动工具向右移动，复制出五个图层，如图 5-33 所示。

Step06 在"图层"面板中，选中除背景图层以外的所有图层，在属性栏中单击"水平居中分布"按钮 ▮ 和"顶对齐"按钮 ▼，使每张照片间距相同并顶端对齐，如图 5-34 所示。

Step07 在"图层"面板中按住 Ctrl 键，单击选中"菠萝 拷贝"图层、"菠萝 拷贝 3"图层和"菠萝 拷贝 5"图层，按 Ctrl+T 组合键自由变换图形，鼠标右击，在弹出的快捷菜单中选择"垂直翻转"命令，按 Enter 键完成操作，如图 5-35 所示。

Step08 选中六个图层，按住 Alt 键的同时使用移动工具水平向下移动，如图 5-36 所示。

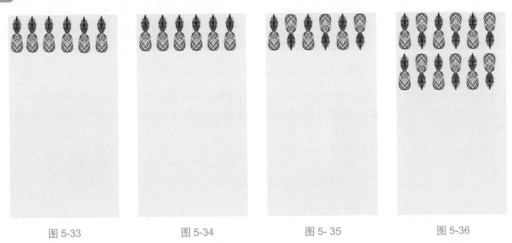

图 5-33　　　　　　　　　　图 5-34　　　　　　　　　　图 5- 35　　　　　　　　　　图 5-36

Step09 按 Ctrl+T 组合键自由变换图形，鼠标右击，在弹出的快捷菜单中选择"水平翻转"命令，按 Enter 键完成操作，如图 5-37 所示。

Step10 选中全部图层，单击鼠标右键，在弹出的快捷菜单中选择"链接图层"命令，如图 5-38 所示。

Step11 按住 Alt 键，使用移动工具单击任意一个图像图层水平向下移动，复制三组，如图 5-39 所示。

Step12 选中全部图层，在"图层"面板中设置"不透明度"为 50%，使用移动工具向上移动图像进行最后调整，效果如图 5-40 所示。

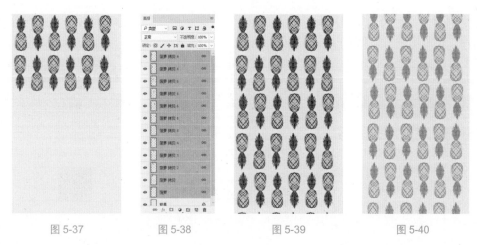

图 5-37 图 5-38 图 5-39 图 5-40

Step13 按 Ctrl+T 组合键自由变换图形，按住 Shift 键旋转 30°，如图 5-41 所示。

Step14 移动图像，如图 5-42 所示。

Step15 按住 Alt 键，使用移动工具单击任意一个图像图层水平向右移动，复制图层，如图 5-43 所示。

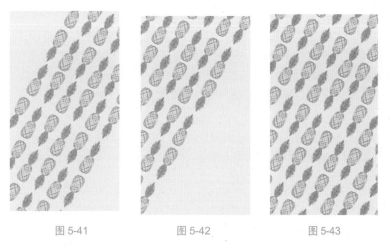

图 5-41 图 5-42 图 5-43

至此，完成小清新壁纸的制作。

5.3 图层样式

为图层添加图层样式是指为图层上的图形添加一些特殊的效果。例如样式、混合选项、斜面和浮雕、描边、内阴影、内发光、光泽、颜色叠加、渐变叠加、图案叠加、外发光、投影等。下面将详细介绍图层样式的应用。

5.3.1 了解图层样式

双击需要添加图层样式的图层缩览图，弹出"图层样式"对话框，如图 5-44 所示，勾选相应的

第 5 章 图层的应用

复选框并设置参数以调整效果，单击"确定"按钮即可。或选中图层单击鼠标右键，在弹出的快捷菜单中选择"混合选项"命令即可。

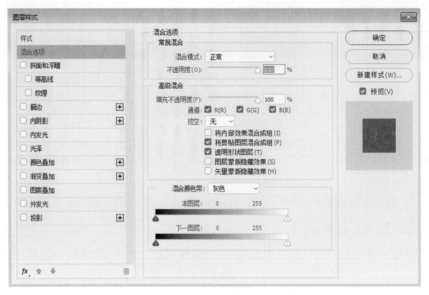

图 5-44

此外，还可以单击"图层"面板底部的"添加图层样式"按钮 *fx*，从弹出的下拉菜单中选择任意一种样式，弹出"图层样式"对话框，选中相应的复选框并设置参数，若选中多个复选框，则可同时为图层添加多种样式效果。

在"图层样式"对话框中，各主要选项的含义介绍如下。

1. 样式

放置预设好的图层样式，选中即可应用。

2. 混合选项

"混合选项"选项设置界面中有"常规混合""高级混合"和"混合颜色带"3个选项组，其中"高级混合"选项组中各选项的作用如下。

◎ 将内部效果混合成组：勾选该复选框，可用于控制添加内发光、光泽、颜色叠加、图案叠加、渐变叠加图层样式的图层挖空效果。

◎ 将剪贴图层混合成组：勾选该复选框，将只对裁切组图层执行挖空效果。

◎ 透明形状图层：当添加图层样式的图层中有透明区域时，若勾选该复选框，则透明区域相当于蒙版。生成的效果若延伸到透明区域，则将被遮盖。

◎ 图层蒙版隐藏效果：当添加图层样式的图层中有图层蒙版时，若勾选该复选框，则生成的效果若延伸到图层蒙版区域，将被遮盖。

◎ 矢量蒙版隐藏效果：当添加图层样式的图层中有矢量蒙版时，若勾选该复选框，则生成的效果若延伸到矢量蒙版区域，将被遮盖。

3. 斜面和浮雕

"斜面和浮雕"样式可以为图层添加高光和阴影，使图像产生立体的浮雕效果。

◎ 等高线：在浮雕中创建凹凸起伏的效果。

◎ 纹理：在浮雕中创建不同的纹理效果。

4. 描边

使用颜色、渐变以及图案来描绘图像的轮廓边缘。

5. 内阴影

在紧靠图层内容的边缘向内添加阴影，使图层呈现凹陷的效果。

6. 内发光

沿图层内容的边缘向内创建发光效果，使对象出现些许"凸起感"。

7. 光泽

为图像添加光滑的具有光泽的内部阴影，通常用来制作具有光泽质感的按钮和金属。

8. 颜色叠加

在图像上叠加指定的颜色，可以通过混合模式的修改调整图像与颜色的混合效果。

9. 渐变叠加

在图像上叠加指定的渐变色，不仅能制作出带有多种颜色的对象，更能通过巧妙的渐变颜色设置制作出突起、凹陷等三维效果以及带有反光质感的效果。

10. 图案叠加

在图像上叠加图案。与"颜色叠加"和"渐变叠加"相同，可以通过混合模式的设置使叠加的"图案"与原图进行混合。

11. 外发光

沿图层内容的边缘向外创建发光效果，主要用于制作自发光效果以及人像或其他对象梦幻般的光晕效果。

12. 投影

为图层模拟出向后的投影效果，增强某部分的层次感以及立体感。常用于突显文字。

■ **实例：制作一轮明月效果**

我们将利用本小节所学图层样式相关知识制作一轮明月。

Step01 启动 Photoshop CC 2018 软件，执行"文件"|"打开"命令，打开"雪屋.jpg"图像，如图 5-45 所示。

Step02 新建图层，设置背景色为白色，在工具箱中选中椭圆选区工具，按住 Shift 键绘制正圆，按 Ctrl+Delete 组合键填充背景色，如图 5-46 所示。

图 5-45

图 5-46

Step03 按 Ctrl+D 组合键取消选区，单击"图层"面板底部的"添加图层样式"按钮，在弹出的下拉菜单中选择"外发光"命令，弹出"图层样式"对话框，在其中设置参数，如图 5-47 所示。

Step04 切换到"内阴影"选项设置界面，设置参数，如图 5-48 所示。

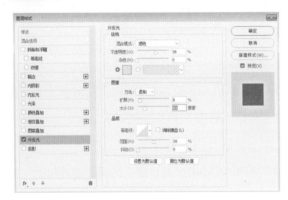

图 5-47

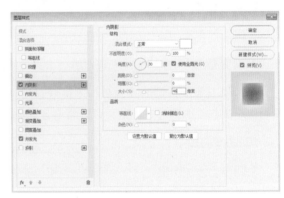

图 5-48

Step05 设置完成后单击"确定"按钮，效果如图 5-49 所示。

Step06 按住 Ctrl 键的同时单击月亮所在图层的缩览图，会将图像载入选区，如图 5-50 所示。

图 5-49

图 5-50

Step07 执行"滤镜"|"渲染"|"云彩"命令，为其添加滤镜效果，如图 5-51 所示。

Step08 为了使图形更像球体，再执行"滤镜"|"扭曲"|"球面化"命令，设置"数量"为 100%，效果如图 5-52 所示。

图 5-51　　　　　　　　　　　　　　　　　　图 5-52

Step09 双击该图层缩览图，在弹出的"图层样式"对话框中勾选"渐变叠加"复选框，打开"渐变叠加"选项设置界面，设置相关参数，如图 5-53 所示。

Step10 关闭对话框后再按 Ctrl+D 组合键取消选区，接着按 Ctrl+B 组合键，在弹出的"色彩平衡"对话框中设置参数，然后单击"确定"按钮，如图 5-54 所示。

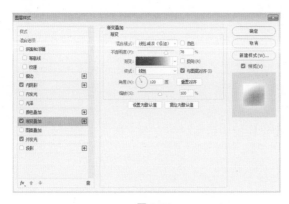
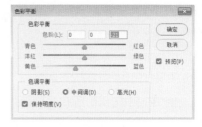

图 5-53　　　　　　　　　　　　　　　　　　图 5-54

Step11 按 Ctrl+T 组合键自由变换图形，按住 Shift+Alt 组合键从中心等比例缩小图形，调整完成后按 Enter 键确定，最终效果如图 5-55 所示。

图 5-55

　　至此，完成一轮明月的制作。

5.3.2 管理图层样式

在应用图层样式后，为便于图层的管理，我们经常会进行折叠和展开图层样式、复制和删除图层样式、隐藏图层样式等操作。下面将详细介绍管理图层样式的操作。

1. 折叠和展开图层样式

为图层添加图层样式后，在图层右侧会显示一个"图层样式"图标 **fx**。当三角形图标指向下端时 **fx**，折叠图层样式。单击该按钮，三角形图标指向上端 **fx**，展开图层样式。

2. 复制和删除图层样式

如果要重复使用一个已经设置好的样式，可以复制该图层样式将其应用到其他图层上。选中已添加图层样式的图层，执行"图层"|"图层样式"|"拷贝图层样式"命令，复制该图层样式，再选择需要粘贴图层样式的图层，执行"图层"|"图层样式"|"粘贴图层样式"命令即可完成复制图层样式的操作。

复制图层样式的另一种方法：选中已添加图层样式的图层，单击鼠标右键，在弹出的快捷菜单中选择"拷贝图层样式"命令，再选择需要粘贴图层样式的图层，单击鼠标右键，在弹出的快捷菜单中选择"粘贴图层样式"命令即可。

> **知识点拨**
>
> 按住 Alt 键的同时，将要复制图层样式的图层上的图层效果图标拖动到要粘贴的图层上，释放鼠标即可复制图层样式到其他图层中。

删除图层样式可分为两种形式，一种是删除图层中运用的所有图层样式；另一种是删除图层中运用的部分图层样式。

（1）删除图层中运用的所有图层样式。

将要删除的图层中的图层效果图标 **fx** 拖动到"删除图层"按钮 🗑 上，释放鼠标即可删除图层样式。

（2）删除图层中运用的部分图层样式。

展开图层样式，选中要删除的其中一种图层样式的名称处，出现黑色实线时将其拖到"删除图层"按钮 🗑 上，释放鼠标即可删除该图层样式，而其他的图层样式依然保留，如图 5-56 和图 5-57 所示。

图 5-56

图 5-57

3. 隐藏图层样式

有时图像中的效果太过复杂，难免会扰乱画面，这时用户可以隐藏图层效果。隐藏图层样式有两种形式：一种是隐藏所有图层样式；另一种是隐藏当前图层的图层样式。

（1）隐藏所有图层样式。

选择任意图层，执行"图层"|"图层样式"|"隐藏所有效果"命令，此时该图像文件中所有图层的图层样式将被隐藏，如图5-58所示。

（2）隐藏当前图层的图层样式。

单击当前图层中已添加的图层样式前的图标◎，即可将当前图层的图层样式隐藏。此外，还可以单击其中某一种图层样式前的图标◎，即只隐藏该图层样式，如图5-59所示。

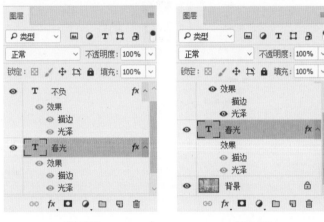

图 5-58   图 5-59

ACAA课堂笔记

5.4 课堂实战——制作故障风海报

我们将利用本章所学图层和图层样式相关知识制作出故障风海报。

Step01 启动 Photoshop CC 2018 软件，新建文档，如图 5-60 所示。

Step02 执行"文件"|"置入嵌入对象"命令，在弹出的"置入嵌入的对象"对话框中选择"guitar-.jpg"素材，单击"置入"按钮，如图 5-61 所示。

图 5-60   图 5-61

Step03 鼠标右击图层名称处，在弹出的快捷菜单中选择"栅格化图层"命令，按 Ctrl+J 组合键复制该图层，双击缩览图，在弹出的"图层样式"对话框中设置参数，如图 5-62 所示。

Step04 单击"确定"按钮后，向右移动该图层，如图 5-63 所示。

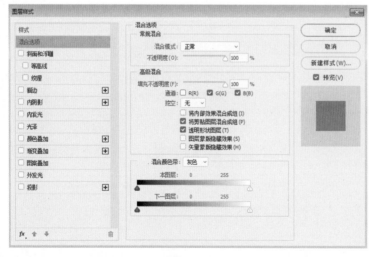

图 5-62   图 5-63

Step05 按 Ctrl+J 组合键复制"guitar-"图层得到"guitar- 拷贝 2"图层，将该图层移到图层"guitar- 拷贝"图层上方，如图 5-64 所示。

Step06 双击缩览图，在弹出的"图层样式"对话框中设置参数，如图5-65所示。

图 5-64

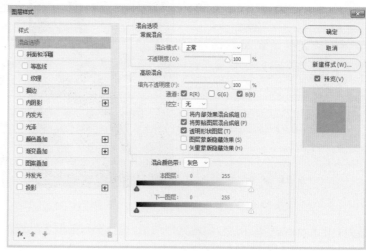

图 5-65

Step07 单击"确定"按钮后，执行"滤镜"|"风格化"|"风"命令，在弹出的"风"对话框中进行参数设置，如图5-66所示。

Step08 单击"确定"按钮后，鼠标拖动向下和向左移动，如图5-67所示。

图 5-66

图 5-67

Step09 选中"guitar-"图层，鼠标单击"指示图层可见性"图标 ◉ 隐藏其他图层，如图5-68所示。

Step10 在工具箱中选择矩形选框工具进行框选，框选第一个选区后按住 Shift 键进行第二个选区的框选，如图5-69所示。按 Ctrl+J 组合键复制该选区并向左平移，如图5-70所示。

ACAA课堂笔记

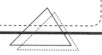

图 5-68

图 5-69

图 5-70

Step11 选中“guitar- 拷贝”图层，隐藏其他图层，选择矩形选框工具框选选区，按住 Ctrl 键移动，如图 5-71 所示。

Step12 鼠标单击“指示图层可见性”图标 显示所有图层，选择“图层 1”将其移到最顶层，如图 5-72 和图 5-73 所示。

图 5-71

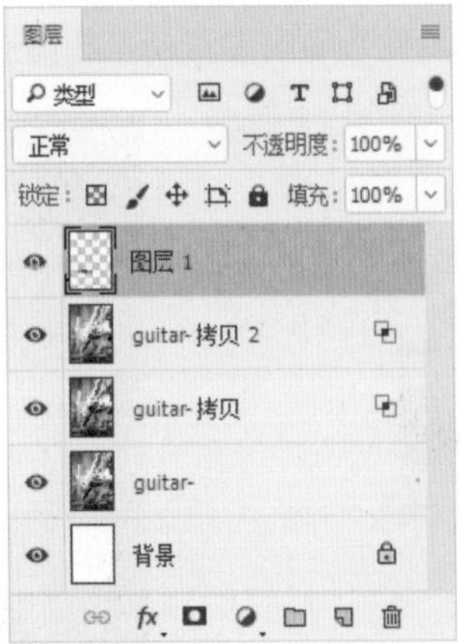

图 5-72

图 5-73

Step13 执行“文件”|“置入嵌入对象”命令，在弹出的“置入嵌入的对象”对话框中选择“rock heart.jpg”文件，单击“置入”按钮，按 Ctrl+J 组合键复制该图层，如图 5-74 所示。

Step14 选择移动工具移动“rock heart 拷贝”图层，如图 5-75 所示。

Step15 选中“rock heart”图层和“rock heart 拷贝”图层，按 Ctrl+T 组合键自由变换图形，按住 Shift+Alt 组合键从中心等比例放大，并向右下方移动，调整完成后按 Enter 键确定，最终效果如图 5-76 所示。

ACAA课堂笔记

图 5-74

图 5-75

图 5-76

至此，完成故障风海报的制作。

 课后作业

一、选择题

1. 要使某图层与其下面的图层合并，可按（　　）组合键。

    A. Shift+J   B. Shift+E   C. Ctrl +J   D. Ctrl+E

2. 关于图层编辑的命令，正确的是（　　）。

    A. 在图像所有图层都显示的情况下，按住 Alt 键并单击该图层旁的眼睛图标，则只隐藏该图层。

    B. 不在同一个组里面的图层不可链接在一起

    C. 图层组中各个图层可以分别复制到其他文件中，但图层组不能被整组复制

    D. 复制图层的命令不可以由当前图层创建一个新文件，或将其复制到其他打开的图像文件中

3. 盖印图层可按（　　）组合键。

    A. Ctrl+Alt+Shift+E   B. Ctrl+Alt+Shift+D

    C. Ctrl+Alt +E   D. Ctrl+Alt+D

4. 有关"图层"面板中的不透明与填充之间描述不正确的是（　　）。

    A. 不透明度将对整个图层中所有的像素起作用

    B. 填充只对图层中填充像素起作用

    C. 不透明度不会影响到图层样式结果，如投影效果等

    D. 填充不一定会影响到图层样式结果，如图案叠加效果等

5. 下列哪个效果不属于"图层样式"？（　　）

    A. 阴影   B. 蒙版   C. 外发光   D. 等高线

二、填空题

1. 常见的图层类型包括_____、普通图层、_____、蒙版图层、_____、调整图层以及_____等。

2. "图层"面板是用于_____、编辑和_____图层以及_____的一种直观的控制器。

第5章

图层的应用

3. 若选择多个非连续图层，按住_____键的同时单击需要选择的图层即可。

4. 合并可见图层是将图层中可见的图层合并到一个图层中，而_____保持不动。

5. 对齐图层是指将两个或两个以上图层按_____进行_____，以当前图层或选区为基础，在相应方向上对齐。

三、上机题

1. 启动 Photoshop CC 2018 软件，选择矩形工具和图层的基本操作制作格子壁纸，如图 5-77 所示。

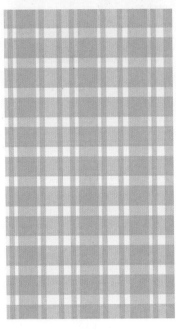

图 5-77

思路提示：

◎ 选择矩形工具绘制一个矩形并调整透明度。

◎ 按住 Alt 键复制图层。

◎ 执行"图层"|"对齐"命令和执行"图层"|"分布"命令调整图层。

2. 启动 Photoshop CC 2018 软件，选择图层样式绘制玉手镯，如图 5-78 所示。

思路提示：

◎ 选择椭圆工具绘制正圆环。

◎ 在"图层样式"对话框中选择"斜面和浮雕"复选框调整高光部分。

◎ 选择"内阴影""内发光""投影"调整暗部和阴影部分。

◎ 执行"滤镜"|"渲染"|"云彩"命令，并创建剪贴蒙版。

图 5-78

第 **6** 章 ——————————

文本的应用

内容导读

　　在 Photoshop 中文字是一种特殊的图像结构，由像素组成，与当前图像具有相同的分辨率，字符放大时会有锯齿；同时又具有基于矢量边缘的轮廓。本章将对文字工具、文本设置、文字编辑等方面知识进行介绍。

学习目标

>> 熟练使用文字工具；

>> 掌握文字的设置操作；

>> 掌握文本的转换与编辑操作。

6.1 文字工具

在 Photoshop CC 2018 中，文字工具包括横排文字工具、直排文字工具、直排文字蒙版工具和横排文字蒙版工具。在工具箱中选中"文字工具"按钮 **T**，即可显示该文字工具组隐藏的子工具，如图 6-1 所示。

T	横排文字工具	T
↓**T**	直排文字工具	T
↓**T**	直排文字蒙版工具	T
T	横排文字蒙版工具	T

图 6-1

"横排文字工具" **T** 是最基本的文字类工具之一，一般用于横排文字的处理，输入方式从左至右；"直排文字工具" **IT** 是用于直排文字式排列方式，输入方向由上至下；"直排文字蒙版工具" **IT** 可创建出竖排的文字选区，使用该工具时图像上会出现一层红色蒙版；"横排文字蒙版工具" **T** 与"直排文字蒙版工具" **IT** 效果一样，只是创建出横排文字选区。

选择文字工具后，将在属性栏中显示该工具的属性参数，其中包括了多个按钮和选项设置，如图 6-2 所示。

| **T** ∨ | **IT** | Times New Roman | ∨ | Regular | ∨ | **T** 12.43 点 | ∨ | a a 锐利 | ∨ | ▤ ▤ ▤ ▤ | **I** | ▤ |

图 6-2

其中，属性栏中主要选项的含义分别介绍如下。

◎ "更改文本方向"按钮 **I**：单击该按钮，实现文字横排和直排之间的转换。

◎ "字体"下拉列表框：用于设置文字字体。

◎ "设置字体样式"下拉列表框：用于设置文字加粗、斜体等样式。

◎ "设置字体大小"下拉列表框：用于设置文字的字体大小，默认单位为点，即像素。

◎ "设置消除锯齿的方法"下拉列表框：用于设置消除文字锯齿的模式。

◎ 对齐按钮组 ▤ ▤ ▤：用于快速设置文字对齐方式，从左到右依次为"左对齐""居中对齐"和"右对齐"。

◎ "设置文本颜色"色块：单击该色块，将弹出"拾色器"对话框，在其中可设置文本颜色。

◎ "创建文字变形"按钮 **I**：单击该按钮，将弹出"变形文字"对话框，在其中可设置其变形样式。

◎ "切换字符和段落面板"按钮 ▤：单击该按钮即可快速弹出"字符"面板和"段落"面板。

6.1.1 创建点文字

点文字是一个水平或垂直的文本行，每行文字都是独立的。行的长度随着文字的输入而不断增加，不会自动换行，需要手动按 Enter 键进行换行，如图 6-3 和图 6-4 所示。

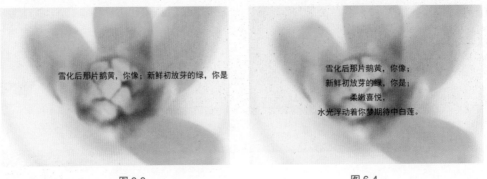

图 6-3　　　　　　　　　　　　　　图 6-4

■ 6.1.2　创建段落文字

段落文字在平面设计中应用非常广泛，具有自动换行，可调整文字区域大小等优势。

选择文字工具，将鼠标指针移动到图像窗口中，当鼠标指针变成插入符号 Ⅱ 时，按住鼠标左键不放，拖动鼠标，此时在图像窗口中将拉出一个文本框。文本插入点会自动插入到文本框前端，然后在文本框中输入文字，当文字到达文本框的边界时会自动换行。如果文字需要分段时，按 Enter 键即可，如图 6-5 和图 6-6 所示。

图 6-5　　　　　　　　　　　　　　　　　　　图 6-6

若开始绘制的文本框较小，会导致输入的文字内容不能完全显示在文本框中，此时将鼠标指针移动到文本框四周的控制点上拖动鼠标调整文本框大小，使文字全部显示在文本框中。

> **知识点拨**
>
> 在缩放文本框时，其中的文字会根据文本框的大小自动调整。如果文本框无法容纳输入的文本，其右下角的方形控制点中会显示一个符号 ⊞。

■ 6.1.3　创建文字选区

文字选区即沿文字边缘创建的选区，选择直排文字蒙版工具或横排文字蒙版工具可以创建文字选区，如图 6-7 和图 6-8 所示。使用文字蒙版工具创建选区时，"图层"面板中不会生成文字图层，因此输入文字后，不能再编辑该文字内容。

图 6-7　　　　　　　　　　　　　　　　　　　图 6-8

文字蒙版工具与文字工具的区别在于，使用它可以创建未填充颜色的以文字为轮廓边缘的选区。用户可以为文字选区填充渐变颜色或图案，以便制作出更多的文字效果。

> **知识点拨**
>
> 按住 Ctrl 键可以自由变换文字蒙版选区的位置与大小。

我们将利用本小节所学文字相关知识制作海报。

Step01 启动 Photoshop CC 2018 软件，新建文档 210×297mm，执行"文件"|"置入嵌入对象"命令，在弹出的"置入嵌入的对象"对话框中置入"fox-.jpg"，如图 6-9 所示。

Step02 鼠标右击图层名称处，在弹出的快捷菜单中选择"栅格化图层"命令，按 Ctrl+T 组合键自由变换图形，按住 Shift+Alt 组合键从中心等比例放大，调整完成后按 Enter 键确定，按住 Ctrl+J 组合键复制该图层，如图 6-10 所示。

Step03 新建"图层 1"，设置填充颜色为 # b27c36，并移动到"fox-"图层上方，如图 6-11 所示。

图 6-9

图 6-10

图 6-11

Step04 选择"横排文字蒙版工具" T，在"fox- 拷贝"图层上输入文字"NO BUSINESS NO KILLING"，如图 6-12 所示。

Step05 按住 Ctrl 键，鼠标拖动选框右上角调整大小，如图 6-13 所示。

Step06 调整完成后释放 Ctrl 键，单击属性栏中的"提交当前编辑"按钮 ✓ 即可，如图 6-14 所示。

图 6-12

图 6-13

图 6-14

Step07 单击"图层"面板下端的"添加图层蒙版"按钮，如图 6-15 所示。

Step08 选择"图层1"，在工具箱中选择椭圆选框工具，设置"羽化"为30像素，按住Shift键绘制正圆，按Delete键删除选区，按Ctrl+D组合键取消选区，如图6-16所示。

Step09 选择"fox-"图层，按Ctrl+T组合键自由变换图形，按住Shift+Alt组合键从中心等比例缩小，调整至合适位置后按Enter键确定，如图6-17所示。

图 6-15

图 6-16

图 6-17

至此，完成利用文字蒙版制作海报的操作。

6.2 设置文本

在 Photoshop 中有两个关于文本的面板，一个是"字符"面板，一个是"段落"面板，在这两个面板中可以设置字体的类型、大小、字距、基线移动以及颜色等属性，让文字更贴合画面。

■ 6.2.1 设置文字属性

在属性栏中单击"切换字符和段落面板"按钮 ，即可弹出"字符"面板，如图6-18所示。在该面板中除了包括常见的字体系列、字体样式、字体大小、文字颜色和消除锯齿等设置，还包括行间距、字距等常见设置。

"字符"面板中主要选项的含义分别介绍如下。

◎ "字体大小" ：在该下拉列表框中选择预设数值，或者输入自定义数值即可更改字符大小。

◎ "设置行距" ：用于设置输入文字行与行之间的距离。

◎ "字距微调" ：用于设置两个字符之间的字距微调。在设置时将光标插入两个字符之间，在数值框中输入所需的字距微调数量。输入正值时，字距扩大；输入负值时，字距缩小。

◎ "字距调整" ：用于设置文字的字符间距。输入正值时，字距扩大；输入负值时，字距缩小。

◎ "比例间距" ：用于设置文字字符间的比例间距，数值越大则字

图 6-18

距越小。

◎ "垂直缩放" ᴵT：用于设置文字垂直方向上的缩放大小，即调整文字的高度。

◎ "水平缩放" Ⅰ：用于设置文字水平方向上的缩放大小，即调整文字的宽度。

◎ "基线偏移" A⁴：用于设置文字与文字基线之间的距离，输入正值时，文字会上移；输入负值时，文字会下移。

◎ "颜色"色块：单击色块，在弹出的"拾色器"对话框中选取字符颜色。

◎ 文字效果按钮组 **T** *T* TT Tᵣ Tᵗ T₁ T̲ Ŧ：设置文字的效果，依次是仿粗体、仿斜体、全部大写字母、小型大写字母、上标、下标、下划线和删除线。

◎ Open Type 功能组 fi ⅇ st 𝒜 aa T 1ˢᵗ ½：依次是标准连字、上下文替代字、自由连字、花饰字、替代样式、标题代替字、序数字、分数字。

◎ "语言设置"下拉列表框：用于设置文本连字符和拼写的语言类型。

◎ "设置消除锯齿的方法"下拉列表框：用于设置消除文字锯齿的模式。

■ 6.2.2 设置变形文字

变形文字即对文字的水平形状和垂直形状做出调整，让文字效果更多样化。

Photoshop CC 2018 为用户提供了 15 种文字的变形样式，分别为扇形、下弧、上弧、拱形、凸起、贝壳、花冠、旗帜、波浪、鱼形、增加、鱼眼、膨胀、挤压和扭转，使用这些样式可以创建多种艺术字体。

执行"文字"|"文字变形"命令或单击属性栏中的"创建文字变形"按钮 ⵜ，弹出"变形文字"对话框，如图 6-19 所示。

图 6-19

其中，"水平"和"垂直"单选按钮主要用于调整变形文字的方向；"弯曲"选项用于指定对图层应用的变形程度；"水平扭曲"和"垂直扭曲"选项用于对文字应用透视变形。结合水平和垂直方向上的控制以及弯曲度的协助，可以为图像中的文字增加许多效果。

■ 实例：制作变形文字

我们将利用本小节所学变形文字相关知识制作变形文字。

Step01 启动 Photoshop CC 2018 软件，执行"文件"|"打开"命令，打开"灯塔.jpg"图像，如图 6-20 所示。

Step02 在工具箱中选择横排文字工具，输入文字，如图 6-21 所示。

图 6-20

图 6-21

Step03 单击属性栏中的"创建文字变形"按钮 ⊥，弹出"变形文字"对话框，设置参数，如图 6-22 所示。

Step04 单击"确定"按钮，效果如图 6-23 所示。

图 6-22

图 6-23

至此，完成变形文字的制作。

知识点拨

变形文字工具只针对整个文字图层而不能单独针对某些文字。如果要制作多种文字变形混合的效果，可以通过将文字输入到不同的文字图层，然后分别设定变形的方法来实现。

■ 6.2.3 设置段落格式

设置段落格式包括设置文字的对齐方式和缩进方式等，不同的段落格式具有不同的文字效果。段落格式的设置主要通过"段落"面板来实现，执行"窗口"|"段落"命令，弹出"段落"面板，如图 6-24 所示。在该面板中单击相应的按钮或输入数值即可对文字的段落格式进行调整。

"段落"面板中主要选项的含义分别介绍如下。

◎ "对齐方式"按钮组 ▤▤▤ ▤ ▤ ▤：从左到右依次为"左对齐文本""居中对齐文本""右对齐文本""最后一行左对齐""最后一行居中对齐""最后一行右对齐""全部对齐"。

◎ "缩进方式"按钮组：包括"左缩进"按钮 ▸▤（段落的左边距离文字区域左边界的距离）、"右缩进"按钮 ▤◂（段落的右边距离文字区域右边界的距离）和"首行缩进"按钮 *▤（每一段的第一行留空或超前的距离）。

图 6-24

◎ "添加空格"按钮组：包括"段前添加空格"按钮 *▤（设置当前段落与上一段的距离）和"段后添加空格"按钮 ▸▤（设置当前段落与下一段落的距离）。

◎ "避头尾法则设置"下拉列表框：避头尾字符是指不能出现在每行开头或结尾的字符。Photoshop 提供了基于标准 JIS 的宽松和严格的避头尾集，宽松的避头尾设置忽略了长元音和小平假名字符。

◎ "间距组合设置"下拉列表框：用于设置内部字符集间距。

◎ "连字"复选框：选中该复选框可将文字的最后一个英文单词拆开，形成连字符号，而剩余的部分则自动换到下一行。

■ 6.2.4 栅格化文字图层

文字图层是一种特殊的图层，它具有文字的特性，可对其大小、字体等进行修改，若对其应用滤镜或者变换操作，则需要将其转换为普通图层，使矢量文字变成像素图像。

转换后的文字图层可以应用各种滤镜效果，文字图层以前所应用的图层样式不会因转换而受到影响。要注意的是，文字图层栅格化后无法进行字体的更改。

选中文字图层，执行"图层"|"栅格化"|"文字"命令或者执行"文字"|"栅格化文字图层"命令，即可将文字图层变为普通图层；或者在"图层"面板中选择文字图层，在图层名称上右击，在弹出的快捷菜单中选择"栅格化文字"命令即可，如图 6-25 和图 6-26 所示。

图 6-25   图 6-26

6.3 文字的编辑

利用 Photoshop CC 2018 中的文字工具输入文字后，还可以对文字进行一些更为高级的编辑操作，例如更改文本的排列方式、转换点文字与段落文字、将文字转换为工作路径以及沿路径绕排文字等。

■ 6.3.1 更改文本的排列方式

文本的排列方式有横排文字和直排文字两种，这两种排列方式可以相互转换。首先选择要更改排列方式的文本，在属性栏中单击"更改文本方向"按钮 ⟂ 或执行"文字"|"取向（水平或垂直）"命令即可实现文字横排和直排之间的转换，如图 6-27 和图 6-28 所示。

图 6-27   图 6-28

■ 6.3.2 转换点文字与段落文字

当要输入少量的文字时，例如一个字、一行或一列文字，可以使用点文字类型，点文字是 Photoshop 中的一种文字输入方式。当文本较多时，选择文字工具，先拖曳一个文本框，在文本框中输入文字，这种文字称为段落文字。

若要将点文字转换为带文本框的段落文字，则只需执行"文字"|"转换为段落文本"命令即可。如图 6-29 和图 6-30 所示。若执行"文字"|"转换为点文本"命令，则可将段落文本转换为点文本。

图 6-29

图 6-30

■ 实例：制作活动邀请函内页

我们将利用本章所学文字和段落相关知识制作邀请函内页。

Step01 启动 Photoshop CC 2018 软件，执行"文件"|"打开"命令，打开"圣诞内页.jpg"图像，如图 6-31 所示。

Step02 选择横排文字工具，在属性栏中设置"字体"为"黑体"、"大小"为"60 点"，单击颜色色块，将弹出"拾色器（文本颜色）"对话框。鼠标放在图像上出现吸管工具图标，吸取气球的颜色，单击"确定"按钮即可，如图 6-32 所示。

图 6-31

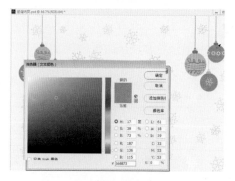

图 6-32

Step03 执行"编辑"|"首选项"|"参考线、网格和切片"命令，在弹出的"首选项"对话框中设置"网格"参数，单击"确定"按钮即可，如图 6-33 所示。

Step04 按 Ctrl+' '组合键显示网格，在图像编辑窗口输入"圣诞晚会邀请函"并居中对齐，输入完成后单击属性栏中的"提交当前编辑"按钮 ✓ 即可，如图 6-34 所示。

Step05 输入"尊敬的"后按空格键六次，然后输入"先生 / 女士 "，设置"字体大小"为"30 点"，如图 6-35 所示。

Step06 按 Ctrl+R 组合键显示标尺，拉取参考线，在"的"字下方输入"您好！"，如图 6-36 所示。

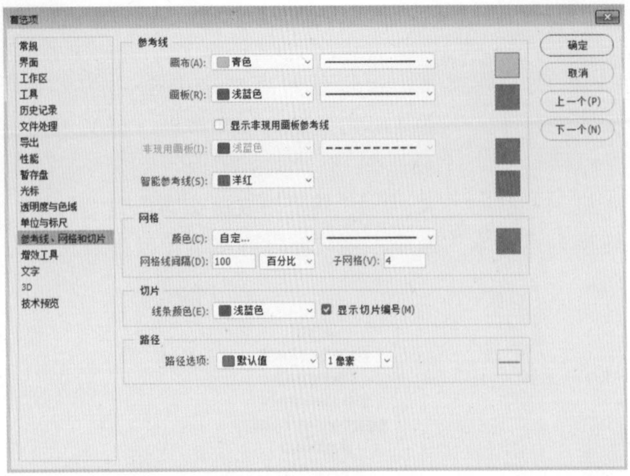

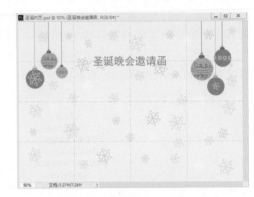

图 6-33

图 6-34

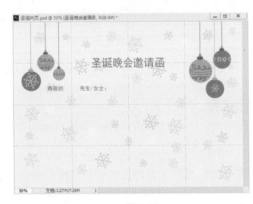

图 6-35

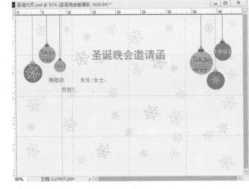

图 6-36

Step07 选择文字工具，先拖曳一个文本框，在文本框中输入文字，如图 6-37 所示。

Step08 单击"切换字符和段落面板"按钮 ▤，在弹出的"段落"面板中设置参数，单击属性栏中的"提交当前编辑"按钮 ✓ 即可，如图 6-38 所示。

图 6-37

图 6-38

Step09 在段落选区下方输入新的文字内容，在"图层"面板中右击该文字图层，在弹出的快捷菜单中选择"转换为段落文本"命令，如图 6-39 所示。

Step10 在"段落"面板中设置参数，单击属性栏中的"提交当前编辑"按钮 ✓ 即可，如图 6-40 所示。

图 6-39　　　　　　　　　　　　　　　　　　　图 6-40

Step11 选中除"圣诞晚会邀请函"图层，按 Ctrl+T 组合键自由变换图形，利用网格线居中对齐，如图 6-41 所示。调整完成后单击"确定"按钮。

Step12 按 Ctrl+；组合键取消参考线；按 Ctrl+' '组合键取消网格线，最终效果如图 6-42 所示。

图 6-41　　　　　　　　　　　　　　　　　　　图 6-42

至此，完成活动邀请函内页的制作。

■ 6.3.3　将文字转换为工作路径

在图像中输入文字后，选择文字图层，单击鼠标右键，从弹出的快捷菜单中选择"创建工作路径"命令或执行"文字"|"创建工作路径"命令，即可将文字转换为文字形状的路径。

转换为工作路径后，可以使用路径选择工具对文字路径进行移动，调整工作路径的位置。同时还能通过按 Ctrl+Enter 组合键将路径转换为选区，让文字在文字选区、文字型路径以及文字形状之间进行相互转换，变换出更多效果，如图 6-43 和图 6-44 所示。

图 6-43　　　　　　　　　　　　　　　　　　　图 6-44

将文字转换为工作路径后，原文字图层保持不变并可继续进行编辑。

■ 6.3.4 沿路径绕排文字

沿路径绕排文字的实质就是让文字跟随路径的轮廓形状进行自由排列，有效地将文字和路径结合，在很大程度上扩充了文字带来的图像效果。

■ 实例：制作沿路径绕排文字

我们将利用所学文字和路径相关知识制作沿路径绕排文字。

Step01 启动 Photoshop CC 2018 软件，执行"文件"|"打开"命令，打开"粉.jpg"图像，如图 6-45 所示。

Step02 在工具箱中选择钢笔工具，在属性栏中选择"路径"选项，在图像中绘制路径，如图 6-46 所示。

图 6-45   图 6-46

Step03 选择横排文字工具，将鼠标指针移至路径上方，当鼠标指针变为 ↧ 形状时，在路径上单击鼠标，此时光标会自动吸附到路径上，即可输入文字，如图 6-47 所示。

Step04 按 Ctrl+Enter 组合键确认，即可得到文字按照路径走向排列的效果，如图 6-48 所示。

图 6-47   图 6-48

至此，完成沿路径绕排文字的制作。

6.4 课堂实战——制作金属效果文字

我们将利用本章所学文本相关知识制作金属效果文字。

Step01 启动 Photoshop CC 2018 软件，执行"文件"|"打开"命令，打开"背景.jpg"图像，如图 6-49 所示。

Step02 选择横排文字工具，在属性栏中设置"字体"为"Adobe 黑体 std"、"大小"为"90 点"，在图像编辑窗口中输入"DESHENG"并按 Ctrl+J 组合键复制图层，如图 6-50 所示。

图 6-49   图 6-50

Step03 双击"DESHENG 拷贝"文字图层空白处，弹出"图层样式"对话框，切换到"渐变叠加"选项设置界面，设置参数，如图 6-51 所示。

Step04 双击"渐变"色块，在弹出的"渐变编辑器"对话框中选取颜色（ #f6eead #d9b412），如图 6-52 所示。

图 6-51   图 6-52

ACAA课堂笔记

Step05 切换到"斜面和浮雕"选项设置界面，设置参数，如图 6-53 所示。

Step06 切换到"内发光"选项设置界面，设置参数（■ #ee9b4d），如图 6-54 所示。

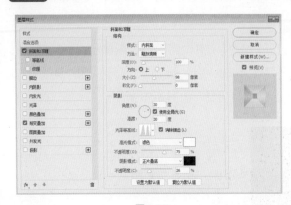

图 6-53

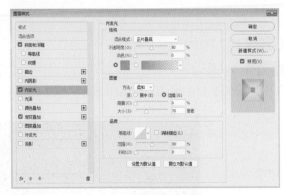

图 6-54

Step07 单击"确定"按钮，效果如图 6-55 所示。

Step08 双击"DESHENG"文字图层空白处，弹出"图层样式"对话框，切换到"斜面和浮雕"选项设置界面，设置参数（阴影模式处颜色为 #34170f），如图 6-56 所示。

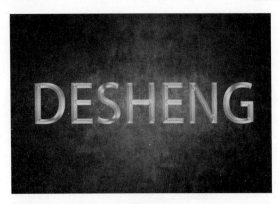

图 6-55

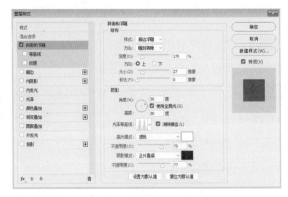

图 6-56

Step09 切换到"等高线"选项设置界面，设置参数，如图 6-57 所示。

Step10 切换到"描边"选项设置界面，设置参数（渐变参数为 Step04 的渐变色），如图 6-58 所示。

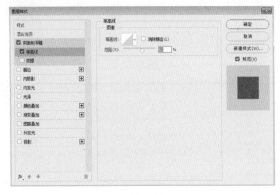

图 6-57

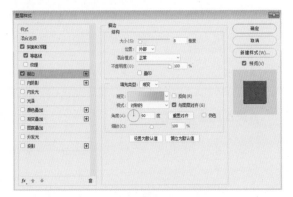

图 6-58

Step11 切换到"外发光"选项设置界面，设置相关参数（■ #c0912c），具体参数设置如图6-59所示。

Step12 单击"确定"按钮，效果如图6-60所示。

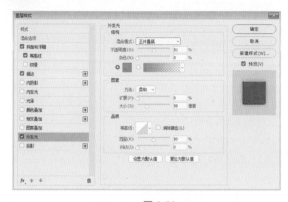

图 6-59

图 6-60

至此，完成金属效果文字的制作。

课后作业

一、选择题

1.（　　）操作不能利用文字属性栏中提供的功能来实现。
    A. 设置字体大小
                         B. 设置字体颜色
    C. 设置文字的阴影效果
                    D. 制作扇形文字

2. 用于设置文字与文字之间距离的是（　　）。
    A. 设置行距
        B. 比例间距
        C. 基线偏移
        D. 字距调整

3. 文字变形命令中不包括（　　）。
    A. 透视
        B. 旗帜
        C. 鱼眼
        D. 贝壳

4. 文字图层中的文字信息哪些不可以进行修改和编辑？（　　）
    A. 文字颜色
    B. 文字内容，如加字或减字
    C. 文字大小
    D. 将文字图层转换为像素图层后可以改变文字的字体

5. 点文字可以通过（　　）命令转换为段落文本。
    A. "图层" | "文字" | "转换为段落文本"
    B. "图层" | "文字" | "转换为形状"
    C. "图层" | "图层样式"
    D. "图层" | "图层属性"

二、填空题

1. 文字选区即沿文字边缘创建的选区，选择_____或_____可以创建文字选区。

2. 栅格化文字图层即可将文字图层变为_____。

3. 文本的排列方式有_____和_____两种，这两种排列方式可以_____。

4. 当文本较多时，选择文字工具，先拖曳一个文本框，在文本框中输入文字，这种文字称为_____。

5. 沿路径绕排文字的实质就是让文字跟随_____的_____进行自由排列。

三、上机题

1. 启动 Photoshop CC 2018 软件，为水墨画配上古诗，如图 6-61 所示。

图 6-61

思路提示:

◎ 选择直排文字工具输入古诗名和作者。

◎ 拖曳一个文本框，在文本框中输入古诗词。

2. 启动 Photoshop CC 2018 软件，制作奶牛字体，如图 6-62 所示。

图 6-62

思路提示:

◎ 输入文字，填充白色。

◎ 在"图层样式"对话框中勾选"斜面和浮雕"复选框调整高光部分。

◎ 勾选"投影"复选框调整图像阴影部分。

◎ 选中画笔工具绘制黑色斑点并执行"滤镜"|"扭曲"|"波浪"命令。

◎ 建立剪切蒙版。

第 7 章

色彩与色调的调整

内容导读

在利用 Photoshop 制作图像的过程中，当素材图像和照片的色调不符合时，就需要对图像进行色彩与色调上的调整。通过调整图像的色彩与色调，可以使图像变得更加绚丽，使毫无生气的图像变得充满活力。

学习目标

>> 熟练使用色彩平衡、色相/饱和度、可选颜色、替换颜色等命令；

>> 熟练使用色阶、曲线、亮度/对比度等命令；

>> 掌握反相、去色、阈值、渐变映射和匹配颜色等命令的应用。

色彩是构成图像的重要元素之一，通过对图像的色彩进行调整，能赋予图像不同的视觉感受和各种风格，让图像呈现出全新的面貌。

■ 7.1.1 色彩平衡

色彩平衡是指调整图像整体色彩平衡，只作用于复合颜色通道。在彩色图像中改变颜色的混合，用于纠正图像中明显的偏色问题。执行"色彩平衡"命令可以在图像原色的基础上根据需要来添加其他颜色，或通过增加某种颜色的补色，以减少该颜色的数量，从而改变图像的色调。

执行"图像"|"调整"|"色彩平衡"命令，或按 Ctrl+B 组合键，弹出"色彩平衡"对话框，从中可以通过设置参数或拖动滑块来控制图像色彩的平衡，如图 7-1 所示。

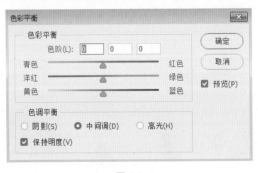

图 7-1

在"色彩平衡"对话框中，各选项的含义分别介绍如下。

◎ "色彩平衡"选项组：在"色阶"文本框中输入数值即可调整组成图像的 6 个不同原色的比例，也可直接用鼠标拖动文本框下方 3 个滑块的位置来调整图像的色彩。

◎ "色调平衡"选项组：用于选择需要进行调整的色彩范围。包括阴影、中间调和高光，选中某一个单选按钮，就可对相应色调的像素进行调整。勾选"保持明度"复选框时，调整色彩时将保持图像亮度不变。

调整色彩平衡前后效果如图 7-2 和图 7-3 所示。

图 7-2

图 7-3

色相/饱和度主要用于调整图像像素的色相及饱和度，通过对图像的色相、饱和度和明度进行调整，从而达到改变图像色彩的目的。而且还可以通过给像素定义新的色相和饱和度，实现灰度图像上色的功能，或创作单色调效果。

执行"图像"|"调整"|"色相/饱和度"命令或者按 Ctrl+U 组合键，弹出"色相/饱和度"对话框，如图 7-4 所示。

图 7-4

在"色相/饱和度"对话框中，各选项的含义分别介绍如下。

◎ "预设"下拉列表框：在该下拉列表框中提供了 8 种色相/饱和度预设，单击"预设选项"按钮 ✿，可以对当前设置的参数进行保存，或者载入一个新的预设调整文件。

◎ "通道"下拉列表框：在该下拉列表框中提供了 7 种通道，选择通道后，可以拖动下面"色相""饱和度""明度"滑块进行调整。选择"全图"选项可一次调整整幅图像中的所有颜色。若选择"全图"选项之外的选项，则色彩变化只对当前选中的颜色起作用。

◎ "移动工具" 🖑：在图像上单击并拖动可修改饱和度，按住 Ctrl 键的同时单击可修改色相。

◎ "着色"复选框：勾选该复选框后，图像会整体偏向于单一的红色调，可通过调整色相和饱和度，能让图像呈现多种富有质感的单色调效果。如图 7-5 和图 7-6 所示为图像前后调整效果图。

图 7-5

图 7-6

我们将利用本小节所学色彩相关知识制作怀旧图像效果。

Step01 启动 Photoshop CC 2018 软件，执行"文件"|"打开"命令，打开"city-.jpg"图像，如图 7-7 所示。

Step02 按 Ctrl+J 组合键，复制该图层，执行"图像"|"调整"|"去色"命令，将图像去色，如图 7-8 所示。

图 7-7 图 7-8

Step03 按 Ctrl+B 组合键，弹出"色彩平衡"对话框，设置参数，单击"确定"按钮，如图 7-9 所示。

Step04 调整后的效果如图 7-10 所示。

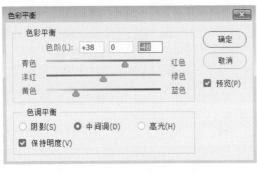 

图 7-9 图 7-10

至此，完成怀旧图像色调的操作。

7.1.3 可选颜色

可选颜色可以校正颜色的平衡，选择某种颜色范围进行针对性的修改，在不影响其他原色的情况下修改图像中的某种原色的数量。执行"图像"|"调整"|"可选颜色"命令，弹出"可选颜色"对话框，可以根据需要在"颜色"下拉列表框中选择相应的颜色后拖动其下的滑块进行调整，如图 7-11 所示。

在"可选颜色"对话框中，若选中"相对"单选按钮，则表示按照总量的百分比更改现有的青色、洋红、黄色或黑色的量；若选中"绝对"单选按钮，则按绝对值进行颜色值的调整。

如图 7-12 和图 7-13 所示为调整可选颜色前后对比效果图。

图 7-11

图 7-12
图 7-13

7.1.4 替换颜色

替换颜色是将针对图像中某颜色范围内的图像进行调整，作用是用其他颜色替换图像中的某个区域的颜色，来调整色相、饱和度和明度值。简单来说，"替换颜色"命令可以视为一项结合了"色彩范围"和"色相/饱和度"命令的功能。执行"图像"|"调整"|"替换颜色"命令，弹出"替换颜色"对话框，如图 7-14所示。

将鼠标移动到图像中需要替换颜色的图像上单击以吸取颜色，并在该对话框中设置颜色容差，在图像栏中出现的为需要替换颜色的选区效果，呈黑白图像显示，白色代表替换区域，黑色代表不需要替换的颜色。设定好需要替换的颜色区域后，在替换选项区域中拖动三角形滑块对"色相""饱和度"和"明度"进行调整替换，同时可以拖动"颜色容差"下的滑块进行控制，数值越大，模糊度越高，替换颜色的区域越大。

如图 7-15 和图 7-16 所示为替换颜色前后对比效果图。

图 7-14

图 7-15
图 7-16

色调是指图像的相对明暗程度，在 Photoshop 中可以通过 "色阶" "曲线" "亮度 / 对比度"来调整图像的色调。

7.2.1 色阶

色阶是表示图像亮度强弱的指数标准，即色彩指数。图像的色彩丰满度和精细度是由色阶决定的。执行 "图像" | "调整" | "色阶" 命令或按 Ctrl+L 组合键，弹出 "色阶" 对话框。从中可以设置通道、输入色阶和输出色阶的参数来调整图像的效果，如图 7-17 所示。

在 "色阶" 对话框中，各选项的含义分别介绍如下。

图 7-17

◎ "预设"下拉列表框：在该下拉列表框中可以选择一种预设的色阶调整选项对图像进行调整；单击 "预设选项" 按钮 ✿，可以对当前设置的参数进行保存，或者载入外部的预设调整文件。

◎ "通道"下拉列表框：不同颜色模式的图像，在其通道下拉列表中显示相应的通道，可以根据需要调整整体通道或者调整单个通道。如图 7-18 和图 7-19 所示为调整蓝通道前后的效果图。

图 7-18

图 7-19

◎ "输入色阶"选项组：黑、灰、白滑块分别对应 3 个文本框，依次用于调整图像的暗调、中间调和高光。

◎ "输出色阶"选项组：用于调整图像的亮度和对比度，与其下方的两个滑块对应。黑色滑块表示图像的最暗值；白色滑块表示图像的最亮值，拖动滑块调整最暗和最亮值，从而实现亮度和对比度的调整。

◎ "自动"按钮：单击该按钮，会自动调整图像的色阶，使图像的亮度分布更加均匀。

◎ "选项"按钮：单击该按钮，在弹出的 "自动颜色校正选项" 对话框中可以设置单色、每通道、深色、浅色的算法等。

◎ "在图像中取样以设置黑场" ✐：使用该吸管在图像中取样，可以将单击点处的像素调整为黑色，同时图像中比该单击点暗的像素也会变成黑色。

◎ "在图像中取样以设置灰场" ✐：使用该吸管在图像中取样，可以根据单击点像素的亮度来调整其他中间调的平均亮度。

◎ "在图像中取样以设置白场" ：使用该吸管在图像中取样，可以将单击点处的像素调整为白色，同时图像中比该单击点暗的像素也会变成白色。

7.2.2 曲线

曲线是通过调整曲线的斜率和形状来实现对图像色彩、亮度和对比度的综合调整，使图像色彩更加协调。功能与"色阶"命令类似，但不同的是曲线的调整范围更为精确，不但具有多样性且不破坏像素色彩的操作特性，同时还可以选择性地单独调整图像上某一区域的像素色彩。

执行"图像"|"调整"|"曲线"命令或按 Ctrl + M 组合键，弹出"曲线"对话框，如图 7-20 所示。

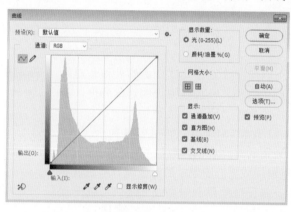

图 7-20

在"曲线"对话框中，各选项的含义分别介绍如下。

◎ "预设"下拉列表框：在该下拉列表框中有 9 种预设效果；单击"预设选项"按钮 ✿·，可以对当前设置的参数进行保存，或载入外部的预设调整文件。

◎ "通道"下拉列表框：在该下拉列表框中，可以根据需要调整整体通道或者单个通道。如图 7-21 和图 7-22 所示为调整红通道前后的效果图。

图 7-21

图 7-22

◎ 曲线编辑框：曲线的水平轴表示原始图像的亮度，即图像的输入值；垂直轴表示处理后新图像的亮度，即图像的输出值；曲线的斜率表示相应像素点的灰度值。在曲线上单击可创建控制点。

◎ "编辑点以修改曲线"按钮 ：通过拖动曲线上控制点的方式来调整图像。

◎ "通过绘制来修改曲线"按钮 ：单击该按钮后，将鼠标移动到曲线编辑框中，当其变为 形状时单击并拖动进行绘制，绘制完成后单击"平滑"按钮，对绘制的曲线进行平滑处理。

◎ "在曲线上单击并拖动可修改曲线"按钮 ：选择该工具后，将光标放置在图像上，曲线上会出现一个圆圈，表示光标处的色调在曲线上的位置。

> **知识点拨**
>
> 调整曲线时，曲线上节点的值显示在输入和输出栏内。按住 Shift 键可选中多个节点，按住 Ctrl 键后单击可删除节点。

7.2.3 亮度 / 对比度

亮度即图像的明暗，可以对图像进行亮度变更的处理；对比度可以通过删减中间像素的色彩值，来加强图像的对比程度，范围越大对比越强，反之越小。执行"图像"|"调整"|"亮度 / 对比度"命令，弹出"亮度 / 对比度"对话框，如图 7-23 所示。

在该对话框中可以对亮度和对比度的参数进行调整，改变图像效果。亮度 / 对比度可以增加或降低图像中的低色调、半色调和高色调图像区域的对比度，将图像的色调增亮或变暗，可以一次性地调整图像中所有的像素，其效果如图 7-24 和图 7-25 所示。

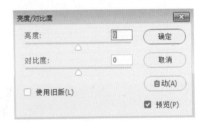

图 7-23

图 7-24

图 7-25

7.3 色调的特殊调整

在 Photoshop 中，灵活运用反相、去色、阈值、渐变映射以及匹配颜色等命令，可以快速地使图像产生特殊的色调效果。

7.3.1 反相

反相可以将图像中的所有颜色替换为相应的补色，即将每个通道中的像素亮度值转换为 256 种颜色的相反值，以制作出负片效果，当然也可以将负片效果还原为图像原来的色彩效果。

执行"图像"|"调整"|"反相"命令，或按 Ctrl+I 组合键即可对图像进行反相处理。如图 7-26 和图 7-27 所示为图像反相前后的对比效果。

图 7-26

图 7-27

7.3.2 去色

去色即去掉图像的颜色，将图像中所有颜色的饱和度变为 0，使图像显示为灰度，每个像素的亮度值不会改变。

执行"图像"|"调整"|"去色"命令或按 Shift+Ctrl+U 组合键即可。如图 7-28 和图 7-29 所示为图像去色前后的对比效果。

图 7- 28

图 7-29

实例：图像转线稿

我们将利用本小节所学色调的特殊调整相关知识将图像转成线稿。

Step01 启动 Photoshop CC 2018 软件，执行"文件"|"打开"命令，打开"building-.jpg"图像，按 Ctrl+J 组合键，复制该图层，如图 7-30 所示。

Step02 执行"图像"|"调整"|"去色"命令，将图像去色，按 Ctrl+J 组合键，复制该图层，如图 7-31 所示。

Step03 执行"图像"|"调整"|"反相"命令，如图 7-32 所示。

图 7-30　　　　　　　　　　图 7-31　　　　　　　　　　图 7-32

Step04 在"图层"面板中，设置图层混合模式为"颜色减淡"，如图 7-33 所示。

Step05 执行"滤镜"|"其他"|"最小值"命令，弹出"最小值"对话框，设置参数，如图 7-34 所示，效果如图 7-35 所示。

图 7-33

图 7-34

图 7-35

至此，完成图像转线稿的操作。

7.3.3　阈值

阈值可以将一幅彩色图像或灰度图像转换成只有黑白两种色调的图像。执行"图像"|"调整"|"阈值"命令，弹出"阈值"对话框，如图 7-36 所示。在该对话框中可拖动滑块以调整阈值色阶，完成后单击"确定"按钮即可。

根据"阈值"对话框中的"阈值色阶"文本框，将图像像素的亮度值一分为二，比阈值亮的像素将转换为白色，而比阈值暗的像素将转换为黑色。如图 7-37 和图 7-38 所示为使用阈值命令前后对比效果。

图 7-36

图 7-37　　　　　　　　　　　　　　　　图 7-38

7.3.4 渐变映射

渐变映射先将图像转换为灰度图像，然后将相等的图像灰度映射到指定的渐变填充色，就是将渐变色映射到图像上。执行"图像"|"调整"|"渐变映射"命令，弹出"渐变映射"对话框，单击渐变颜色条旁的下拉按钮，将会弹出渐变样式面板，可单击选择相应的渐变样式以确立渐变颜色，如图7-39所示。

图 7-39

渐变映射首先对所处理的图像进行分析，然后根据图像中各个像素的亮度，用所选渐变模式中的颜色进行替代。但该功能不能应用于完全透明图层，因为完全透明图层中没有任何像素。如图7-40和图7-41所示为图像应用渐变映射命令前后的对比效果。

图 7-40

图 7-41

7.3.5 匹配颜色

匹配颜色是将一个图像作为源图像，另一个图像作为目标图像。以源图像的颜色与目标图像的颜色进项匹配。源图像和目标图像可以是两个独立的文件，也可以匹配同一个图像中不同图层之间的颜色。

执行"图像"|"调整"|"匹配颜色"命令，弹出"匹配颜色"对话框，从中调整参数后单击"确定"按钮即可，如图7-42所示。

图 7-42

在使用"匹配颜色"命令对图像进行处理时，勾选"中和"复选框可以使颜色匹配的混合效果有所缓和，在最终效果中将保留一部分原先的色调，使其过渡自然，效果逼真。

■ 实例：使用匹配颜色调整图像色调

我们将利用本小节所学匹配颜色相关知识调整图像颜色。

Step01 启动 Photoshop CC 2018 软件，执行"文件"|"打开"命令，打开用于匹配颜色的"源.jpg"图像，如图 7-43 所示。

Step02 按 Ctrl+O 组合键，打开需要修改的"目标.jpg"图像，如图 7-44 所示。

图 7-43

图 7-44

Step03 在"目标"文件中，执行"图像"|"调整"|"匹配颜色"命令，弹出"匹配颜色"对话框，如图 7-45 所示。

Step04 在"匹配颜色"对话框中设置参数，如图 7-46 所示。

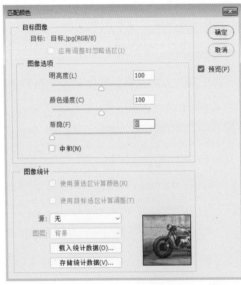

图 7-45

图 7-46

Step05 单击"确定"按钮，效果如图 7-47 所示。

Step06 按 Ctrl+B 组合键，在弹出的"色彩平衡"对话框中设置参数，单击"确定"按钮，如图 7-48 所示。

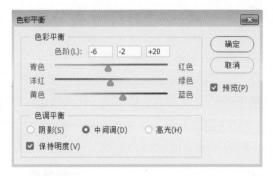

图 7-47   图 7-48

Step07 执行"图像"|"调整"|"亮度 / 对比度"命令，弹出"亮度 / 对比度"对话框，设置亮度和对比度，单击"确定"按钮，如图 7-49 所示。

Step08 调整后的图像效果如图 7-50 所示。

图 7-49   图 7-50

至此，完成使用匹配颜色调整图像色调的操作。

△

◎ **ACAA课堂笔记**

7.4 课堂实战——制作雪景效果

我们将利用本章所学色彩与色调相关知识制作雪景效果。

Step01 启动 Photoshop CC 2018 软件，执行"文件"|"打开"命令，打开"山 .jpg"图像，如图 7-51 所示。

Step02 按 Ctrl+J 组合键复制图层。在"图层"面板底端单击"创建新的填充或调整图层"按钮 ❶，在弹出的下拉菜单中选择"可选颜色"命令创建调整图层，在"属性"面板中调整"黄色"和"绿色"参数，如图 7-52 和图 7-53 所示。

图 7-51

图 7-52

图 7-53

Step03 创建"色相 / 饱和度"调整图层，在"属性"面板中调整"黄色""绿色"和"青色"的饱和度参数，如图 7-54 ～图 7-56 所示。

图 7-54

图 7-55

图 7-56

Step04 调整后的图像如图 7-57 所示。

Step05 按 Ctrl+J 组合键，复制调整"色相 / 饱和度 1 拷贝"图层，如图 7-58 所示。

图 7-57

图 7-58

Step06 创建"曲线"调整图层，在"属性"面板中对"红"和"蓝"通道进行调整，如图7-59和图7-60所示。

Step07 调整后的图像如图7-61所示。

图 7-59

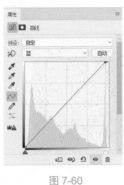

图 7-60

图 7-61

Step08 单击"图层"面板底端的"创建新图层"按钮 ，新建"图层2"，执行"滤镜"|"渲染"|"云彩"命令，如图7-62所示。

Step09 在"图层"面板上，设置图层混合模式为"滤色"，"不透明度"为50%，如图7-63所示。

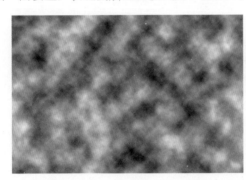

图 7- 62

图 7-63

Step10 单击"图层"面板底端的"创建新图层"按钮 ，新建"图层3"，按 Ctrl+Alt+Shift+E 组合键盖印图层，执行"滤镜"|"模糊"|"动感模糊"命令，弹出"动感模糊"对话框，设置参数，如图7-64所示。

Step11 在"图层"面板上，设置图层混合模式为"柔光"，效果如图7-65所示。

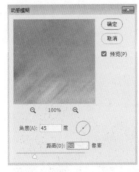

图 7-64

图 7-65

执行"窗口"|"通道"命令，弹出"通道"面板，单击"创建新通道"按钮 ⬚ ，创建新通道，如图 7-66 所示。

Step13 执行"滤镜"|"像素化"|"点状"命令，在弹出的对话框中设置参数，单击"确定"按钮，如图 7-67 所示。

图 7-66   图 7-67

Step14 执行"滤镜"|"模糊"|"高斯模糊"命令，弹出"高斯模糊"对话框，设置参数，单击"确定"按钮，如图 7-68 所示。

Step15 按 Ctrl+L 组合键，弹出"色阶"对话框，调整暗部和高光，单击"确定"按钮，如图 7-69 所示。

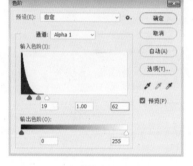

图 7-68   图 7-69

Step16 按住 Ctrl 键单击通道缩览图载入选区，如图 7-70 所示。单击"确定"按钮后，释放 Ctrl 键，单击 RGB 通道。

Step17 单击"图层"面板中的"创建新图层"按钮 ⬚ ，新建"图层 4"，按 Shift+F5 组合键，在弹出的"填充"对话框中选择白色填充，按 Ctrl+D 组合键取消选区，效果如图 7-71 所示。

图 7-70   图 7-71

Step18 按 Ctrl+J 组合键复制"图层 4"，设置图层不透明度，如图 7-72 所示。

Step19 调整后的图像效果如图 7-73 所示。

图 7-72

图 7-73

至此，完成雪景效果的制作。

课后作业

一、选择题

1. 下列对曲线描述正确的是（　　）。

   A. "曲线"命令只能调节图像的亮调、中间调和暗调

   B. "曲线"命令不能用来调节图像的色调范围

   C. "曲线"对话框有一个铅笔图标，可以用它在窗口中直接绘制曲线

   D. "曲线"命令只能改变图像的亮度和对比度

2. 执行"选择"|（　　）命令，可以选择特定颜色范围内的图像。

   A. 全选 　　　　　　　　B. 色彩范围 　　　　　　　　C. 反选 　　　　　　　　D. 焦点区域

3. 在不建立选区和使用图层蒙版的前提下，下列（　　）色彩调整命令不能实现将红色汽车调整成蓝色汽车的效果。

   A. 色相 / 饱和度 　　　　　B. 替换颜色 　　　　　　　C. 可选颜色 　　　　　　D. 通道混合器

4. 在 Photoshop 中不可以通过（　　）来调整图像的色调。

   A. 色阶 　　　　　　　　B. 曲线 　　　　　　　　C. 亮度 / 对比度 　　　　D. 色彩平衡

5. 下列有关色调描述不正确的是（　　）。

   A. 图像的色彩丰满度和精细度是由色阶决定的

   B. 反相可以将图像中的所有颜色替换为相应的对比色

   C. 阈值可以将一幅彩色图像或灰度图像转换成只有黑白两种色调的图像

   D. 渐变映射不能应用于完全透明图层

二、填空题

1. 色彩平衡是指调整图像整体色彩平衡，只作用于＿＿＿＿＿＿＿。在彩色图像中改变颜色的混合，用于纠正图像中明显的偏色问题。

2.色相 / 饱和度主要用于调整图像像素的色相及饱和度，通过对图像的_____、_____和_____进行调整，从而达到改变图像色彩的目的。

3.色阶是表示图像_____的指数标准，即色彩指数。

4.曲线是通过调整曲线的斜率和形状来实现对图像_____、_____和_____的综合调整，使图像色彩更加协调。

5.匹配颜色是将一个图像作为_____，另一个图像作为_____。

三、上机题

1.启动 Photoshop CC 2018 软件，选择色彩与色调调整工具，完成季节更换，如图 7-74 和图 7-75 所示。

图 7-74　　　　　　　　　　　　　　　　图 7-75

思路提示：

◎ 按 Ctrl+J 组合键复制图层。

◎ 在"图层"面板底端新建调整图层。

◎ 新建"色彩平衡"调整图层将黄色调整为绿色色调。

◎ 新建"亮度 / 对比度""可选颜色""色彩平衡""曲线"等调整图层进行调整。

◎ 局部调整时可利用图层蒙版擦除部分色调。

2.启动 Photoshop CC 2018 软件，将彩色照片调整成有层次的黑白照片，如图 7-76 和图 7-77 所示。

图 7-76　　　　　　　　　　　　　　　　图 7-77

思路提示：

◎ 按 Ctrl+J 组合键复制图层。

◎ 执行"图像"|"调整"|"黑白"命令，设置参数。

◎ 在"图层"面板底端新建"曲线"调整图层。

第<8>章

通道与蒙版的应用

内容导读

通道和蒙版是 Photoshop 中两个很重要的概念，通道用来存储颜色信息和选区信息，通过编辑通道可改变图像中的颜色分量或创建特殊的选区。蒙版用来控制图像的显示区域，通过对蒙版的编辑可控制图像的显示区域以及显示状态，以获得特殊效果。因此，必须深入了解和掌握通道与蒙版，以便灵活处理图像。

学习目标

- » 认识"通道"面板，熟悉通道的种类；
- » 掌握通道的创建与编辑操作；
- » 熟练使用蒙版处理图像。

8.1 认识通道

Photoshop 中的通道是用于存放图像颜色信息和选区信息等不同类型的灰度图像。可以通过调整通道中的颜色信息来改变图像的色彩，或对通道进行相应的编辑操作以调整图像或选区信息，制作出与众不同的图像效果。

8.1.1 通道的基本概念

打开任意一张图像，在"通道"面板中能够看到 Photoshop 自动为这张图像创建颜色信息通道。"通道"面板主要用于创建、存储、编辑和管理通道。执行"窗口"|"通道"命令，弹出"通道"面板，如图 8-1 所示。

在"通道"面板中，各选项的含义分别介绍如下。

◎ 指示通道可见性图标 👁：图标为 👁 形状时，图像窗口显示该通道的图像，单击该图标后，图标变为 ☐ 形状，隐藏该通道的图像。

◎ "将通道作为选区载入"按钮 ⃝：单击该按钮可将当前通道快速转化为选区。

◎ "将选区存储为通道"按钮 ☐：单击该按钮可将图像中选区之外的图像转换为一个蒙版的形式，将选区保存在新建的 Alpha 通道中。

◎ "创建新通道"按钮 ▣：单击该按钮可创建一个新的 Alpha 通道。

◎ "删除当前通道"按钮 🗑：单击该按钮可删除当前通道。

图 8-1

8.1.2 通道的种类

通道主要用于管理图片颜色信息。不管哪种图像模式，都有属于自己的通道，图像模式不同，通道的数量也不同。通道主要分为颜色通道、专色通道、Alpha 通道和临时通道。

1. 颜色通道

颜色通道是将构成整体图像的颜色信息整理并表现为单色图像的工具，而图像的颜色模式决定了通道的数量。例如，RGB 颜色模式的图像有 RGB、红、绿、蓝四种通道，如图 8-2 所示；CMYK 颜色模式的图像有 CMYK、青色、洋红、黄色和黑色五种通道，如图 8-3 所示；Lab 颜色模式的图像有 Lab、明度、a、b 四种通道，如图 8-4 所示；位图和索引颜色模式的图像只有一个位图通道和一个索引通道。

图 8-2

图 8-3

图 8-4

2. 专色通道

专色通道是一类较为特殊的通道，它可以使用除青色、洋红、黄色和黑色以外的颜色来绘制图像。专色通道是用特殊的预混油墨来替代或补充印刷色油墨，以便更好地体现图像效果，常用于需要专色印刷的印刷品。专色通道可以局部使用，也可作为一种色调应用于整个图像中，例如画册中常见的纯红色、蓝色以及证书中的烫金、烫银效果等。

单击"通道"面板中右上角的 ☰ 按钮，在弹出的下拉菜单中选择"新建专色通道"命令，弹出"新建专色通道"对话框，如图 8-5 所示，在该对话框中设置专色通道的颜色和名称，完成后单击"确定"按钮即可新建专色通道，如图 8-6 所示。

图 8-5　　　　　　　　　　图 8-6

> **知识点拨**
>
> 除了位图模式以外，其余所有的色彩模式都可建立专色通道。

3. Alpha 通道

Alpha 通道主要用于对选区进行存储、编辑与调用。Alpha 通道相当于一个 8 位的灰度通道，用 256 级灰度来记录图像中的透明度信息，定义透明、不透明和半透明区域。其中黑色处于未选择状态，白色处于选择状态，灰色则表示部分被选择状态（即羽化区域）。使用白色涂抹 Alpha 通道可以扩大选区范围；使用黑色涂抹会收缩选区；使用灰色涂抹则可增加羽化范围。

在图像中创建需要保存的选区，然后在"通道"面板中单击"创建新通道"按钮 ☐，新建 Alpha1 通道。将前景色设置为白色，选择油漆桶工具填充选区，如图 8-7 所示，然后取消选区，即在 Alpha1 通道中保存了选区，如图 8-8 所示。保存选区后则可随时重新载入该选区或将该选区载入到其他图像中。

图 8-7　　　　　　　　　　图 8-8

4．临时通道

临时通道是在"通道"面板中暂时存在的通道。在创建图层蒙版或快速蒙版时，会自动在通道中生成临时蒙版，如图8-9和图8-10所示。当删除图层蒙版或退出快速蒙版的时候，在"通道"面板中的临时通道就会自动消失。

图8-9   图8-10

8.2 通道的创建和编辑

对图像的编辑实质上是对通道的编辑。通道是真正记录图像信息的地方，无论色彩的改变、选区的增减、渐变的产生，都可以在通道中显示。通道的编辑包括通道的复制、删除、分离和合并，以及通道的计算等。

■ 8.2.1 通道的创建

一般情况下，在 Photoshop 中新建的通道是保存选择区域信息的 Alpha 通道，可以更加方便地对图像进行编辑。创建通道分为创建空白通道和创建带选区的通道两种。

1．创建空白通道

空白通道是指创建的通道属于选区通道，但选区中没有图像等信息。新建通道的方法是：在"通道"面板中单击底部的"创建新通道"按钮 可以新建一个空白通道，或单击"通道"面板右上角的 按钮，在弹出的下拉菜单中选择"新建通道"命令，弹出"新建通道"对话框，如图8-11所示，在该对话框中设置新通道的名称等参数，单击"确定"按钮即可。

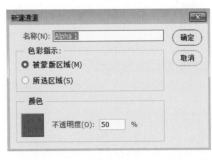

图8-11

Adobe Photoshop CC 课堂实录

2. 通过选区创建选区通道

选区通道是用来存放选区信息的，可以在图像中将需要保留的区域创建选区，然后在"通道"面板中单击"创建新通道"按钮 ☑ 即可。

将选区创建为新通道后，能在后面的重复操作中快速载入选区。若是在背景图层上创建选区，可直接单击"将选区存储为通道"按钮 ☑ 快速创建带有选区的Alpha通道。在将选区保存为Alpha通道时，选择区域被保存为白色，非选择区域保存为黑色。如果选择区域具有羽化值，则此类选择区域被保存为由灰色柔和过渡的通道。

8.2.2 复制和删除通道

如果要对通道中的选区进行编辑，一般都要将该通道的内容复制后再进行编辑，以免编辑后不能还原图像。图像编辑完成后，若存储含有Alpha通道的图像会占用一定的磁盘空间，因此在存储含有Alpha通道的图像前，用户可以删除不需要的Alpha通道。

复制或删除通道的方法非常简单，只需拖动需要复制或删除的通道到"创建新通道"按钮或"删除当前通道"按钮上释放鼠标即可，如图8-12和图8-13所示。或鼠标右击需要复制或删除的通道，在弹出的快捷菜单中选择"复制通道"或"删除通道"命令来完成相应的操作。

图 8-12　　　　　　图 8-13

> **知识点拨**
>
> 　　在删除颜色通道时，如果删除的是红、绿、蓝通道中任意一个，那么RGB通道也会被删除；如果删除RGB通道，那么除了Alpha通道和专色通道以外的所有通道都将被删除。

8.2.3 分离和合并通道

在Photoshop中，可以将通道进行分离或者合并。分离通道可将一个图像文件中的各个通道以单个独立文件的形式进行存储，而合并通道可以将分离的通道合并在一个图像文件中。

1. 分离通道

分离通道是将通道中的颜色或选区信息分别存放在不同的独立灰度模式的图像中，分离通道后也可对单个通道中的图像进行操作，常用于无须保留通道的文件格式而保存单个通道信息等情况。

■ 实例：分离通道效果展示

我们将利用本小节所学通道相关知识制作分离通道效果。

Step01 启动 Photoshop CC 2018 软件，执行"文件"|"打开"命令，打开"树莓.jpg"图像，如图 8-14 所示。

Step02 执行"窗口"|"通道"命令，弹出"通道"面板，单击"通道"面板右上角的 ▤ 按钮，在弹出的下拉菜单中选择"分离通道"命令，如图 8-15 所示。

图 8-14　　　　　　　　　　　图 8-15

Step03 此时软件自动将图像分离为三个灰度图像，如图 8-16 ～图 8-18 所示。

图 8-16　　　　　　　　图 8-17　　　　　　　　图 8-18

至此，完成分离通道效果的操作。

> **知识点拨**
>
> 当图像的颜色模式不一样时，分离出的通道自然也有所不同。未合并的 PSD 格式的图像文件无法进行分离通道的操作。

2. 合并通道

合并通道是指将分离后的通道图像重新组合成一个新图像文件。通道的合并类似于简单的通道计算，能同时将两幅或多幅图像经过分离后变为单独的通道灰度图像有选择性地进行合并。

在分离后的图像中，任选一张灰度图像，单击"通道"面板右上角的 ▤ 按钮，在弹出的下拉菜单中选择"合并通道"命令，弹出"合并通道"对话框，如图 8-19 所示，在该对话框中设置模式后单击"确定"按钮，弹出"合并 RGB 通道"对话框，如图 8-20 所示，可分别对红色、绿色、蓝色通道进行选择，然后单击"确定"按钮即可。

图 8-19   图 8-20

知识点拨

要进行两幅图像通道的合并，两幅图像文件的大小和分辨率必须相同，否则无法进行通道合并。

8.2.4   计算通道

选择区域可以有相加、相减、相交的不同算法。Alpha 通道同样可以利用计算的方法来实现各种复杂的效果，制作出新的选区图像通道。通道的计算是指将两个来自同一或多个源图像的通道以一定的模式进行混合，能将一幅图像融合到另一幅图像中，快速得到富于变幻的图像效果。

实例：图像计算通道效果展示

我们将利用本小节所学通道相关知识对计算通道效果进行展示。

Step01 启动 Photoshop CC 2018 软件，执行"文件"|"打开"命令，打开"纹理.jpg"图像，如图 8-21 所示。

Step02 执行"文件"|"置入嵌入图像"命令，置入"美食.jpg"图像，如图 8-22 示。

图 8-21

图 8-22

ACAA课堂笔记

Step03 执行"图像"|"计算"命令，弹出"计算"对话框，在该对话框中对图层、通道、混合模式等参数进行相关设置，如图 8-23 所示。

Step04 完成后单击"确定"按钮，效果如图 8-24 所示。

图 8-23   图 8-24

Step05 此时，在"通道"面板中会生成一个新的 Alpha1 通道，如图 8-25 所示。

Step06 单击 RGB 通道前的可视性按钮 显示通道，此时将会显示出融合后的图像效果，如图 8-26 所示。

图 8-25   图 8-26

至此，完成图像计算的操作。

8.3 认识蒙版

蒙版又称"遮罩"，是一种特殊的图像处理方式，其作用就像一张布，可以遮盖住处理区域中的一部分，对处理区域内的整个图像进行模糊、上色等操作时，被蒙版遮盖起来的部分就不会受到改变。

■ 8.3.1 蒙版的基本概念

Photoshop 中蒙版是将不同灰度色值转化为不同的透明度，并作用到它所在的图层上，使图层不同部位的透明度产生相应的变化。黑色为完全透明，白色为完全不透明。

在"图层"面板中单击"添加图层蒙版"按钮 ▫，执行"窗口"|"属性"命令，弹出"属性"面板，如图 8-27 所示。

在"属性"面板中各选项的含义分别介绍如下。

◎ "添加像素蒙版/添加矢量蒙版"按钮 ▣ ⿰：单击"添加像素蒙版"按钮 ▣，可以为当前图像添加一个像素蒙版；单击"添加矢量蒙版"按钮 ⿰，可以为当前图层添加一个矢量蒙版。

◎ "浓度"：该选项类似于图层的不透明度，用来控制蒙版的不透明度，也就是蒙版遮盖图像的强度。

◎ "羽化"：用来控制蒙版边缘的柔化程度。数值越大，蒙版边缘越柔和；数值越小，蒙版边缘越生硬。

◎ "选择并遮住"按钮：单击该按钮，可以在弹出的"属性"对话框中修改蒙版边缘。

图 8-27

◎ "颜色范围"按钮：单击该按钮，可以在弹出的"色彩范围"对话框中修改"颜色容差"来修改蒙版的边缘范围。

◎ "反相"按钮：单击该按钮，可以反转蒙版的遮盖区域，即蒙版中黑色部分变成白色，白色部分变成黑色，未遮盖的图像将被调整为负片。

◎ "从蒙版中载入选区"按钮 ⊙：单击该按钮，可以从蒙版中生成选区。按 Ctrl 键也可以载入蒙版的选区。

◎ "应用蒙版"按钮 ◈：单击该按钮，可以将蒙版应用到图像中，同时删除蒙版以及被蒙版遮盖的区域。

◎ "停用/启用蒙版"按钮 ◉：单击该按钮，可以停用或重新启用蒙版。

◎ "删除蒙版"按钮 🗑：单击该按钮，可以删除当前选择的蒙版。

8.3.2 创建蒙版

在 Photoshop 中蒙版分为快速蒙版、矢量蒙版、图层蒙版和剪贴蒙版 4 类。

1. 快速蒙版

快速蒙版是一种临时性的蒙版，是暂时在图像表面产生一种与保护膜类似的保护装置，可以使用几乎全部的绘画工具或滤镜对蒙版进行编辑。当在快速蒙版模式中工作时，"通道"面板中会出现一个临时快速蒙版通道。

单击工具箱底部的"以快速蒙版模式编辑"按钮 ▣ 或按 Q 快捷键，进入快速蒙版编辑状态，选择画笔工具，适当调整画笔大小，在图像中需要添加快速蒙版的区域进行涂抹，涂抹后的区域呈半透明红色，然后再按 Q 快捷键退出快速蒙版，从而建立选区，如图 8-28 和图 8-29 所示。

图 8- 28

图 8-29

快速蒙版主要是快速处理当前选区，不会生成相应附加图层。

2. 矢量蒙版

矢量蒙版是通过形状控制图像显示区域的，它只能作用于当前图层。其本质为使用路径制作蒙版，遮盖路径覆盖的图像区域，显示无路径覆盖的图像区域。矢量蒙版可以通过形状工具创建，也可以通过路径来创建。

矢量蒙版中创建的形状是矢量图，可以使用钢笔工具和形状工具对图形进行编辑修改，从而改变蒙版的遮罩区域，也可以对它任意缩放。

（1）通过形状工具创建矢量蒙版。

单击"自定形状工具"按钮 ✿，在属性栏中把工具模式设置为"路径"，在"形状"下拉列表框中选择形状样式，在图像中单击并拖动鼠标绘制形状，按住 Ctrl 键的同时单击"添加图层蒙版"按钮 ▫ 即可创建出矢量蒙版，如图 8-30 所示；若把工具模式设置为"形状"，在绘制结束后需栅格化图层，然后按住 Ctrl 键的同时单击"添加图层蒙版"按钮 ▫ 即可，如图 8-31 所示。

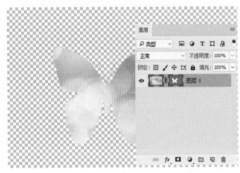

图 8-30

图 8-31

（2）通过路径创建矢量蒙版。

选择钢笔工具，绘制图像路径，执行"图层"|"矢量蒙版"|"当前路径"命令，此时在图像中可以看到，保留了路径覆盖区域图像，而背景区域则不可见，如图 8-32 和图 8-33 所示。

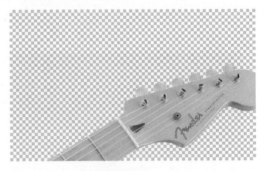

图 8-32

图 8-33

3. 图层蒙版

图层蒙版可以在不破坏图像的情况下反复修改图层的效果，图层蒙版同样依附于图层存在。图

Adobe Photoshop CC 课堂实录

层蒙版大大方便了对图像的编辑，它并不是直接编辑图层中的图像，而是通过使用画笔工具在蒙版上涂抹，控制图层区域的显示或隐藏，常用于制作图像合成。

选择添加蒙版的图层为当前图层，单击"图层"面板底端的"添加图层蒙版"按钮 ，设置前景色为黑色，选择画笔工具在图层蒙版上非主体处进行涂抹，如图 8-34 和图 8-35 所示。

图 8-34   图 8- 35

当图层中有选区时，在"图层"面板上选择该图层，单击面板底部的"添加图层蒙版"按钮，选区内的图像被保留，而选区外的图像将被隐藏。

4. 剪贴蒙版

剪贴蒙版是使用处于下方图层的形状来限制上方图层的显示状态。剪贴蒙版由两部分组成：一部分为基层，即基础层，用于定义显示图像的范围或形状；另一部分为内容层，用于存放将要表现的图像内容。使用剪贴蒙版能够在不影响原图像的同时有效地完成剪贴制作。蒙版中的基底图层名称带下划线，上层图层的缩览图是缩进的。

在"图层"面板中按住 Alt 键的同时将鼠标移至两图层间的分隔线上，当其变为 形状时，单击鼠标左键即可，如图 8-36 所示；或在"图层"面板中选择要进行剪贴的两个图层中的内容层，按 Ctrl+Alt+G 组合键即可，如图 8-37 所示。

在使用剪贴蒙版处理图像时，内容层一定位于基础层的上方，才能对图像进行正确剪贴。创建剪贴蒙版后，再按 Ctrl+Alt+G 组合键即可释放剪贴蒙版。

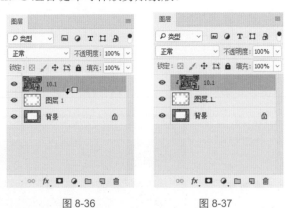

图 8-36   图 8-37

■ 实例：利用图层蒙版制作涂抹画

我们将利用本小节所学蒙版相关知识制作涂抹画效果。

启动 Photoshop CC 2018 软件，执行"文件"|"打开"命令，打开"背景 -.jpg"图像，如图 8-38 所示。

Step02 执行"文件"|"置入嵌入对象"命令，在弹出的"置入嵌入的对象"对话框中置入"城堡 .jpg"，如图 8-39 所示。在"图层"面板中鼠标右击"城堡"图层空白处，在弹出的快捷菜单中选择"栅格化图层"命令。

图 8-38　　　　　　　　　　　　　　　图 8-39

Step03 按住 Alt 键的同时单击"图层"面板底端的"添加图层蒙版"按钮 ◘ ，如图 8-40 所示。

Step04 此时图像编辑窗口只显示 "背景"图层的图像，如图 8-41 所示。

图 8-40　　　　　　　　　　　　　　　图 8-41

Step05 在工具箱中选择画笔工具，在属性栏中单击画笔栏旁的下拉按钮 ，弹出"画笔预设"面板，选择画笔设置相关参数，如图 8-42 所示。

Step06 设置前景色为白色，背景色为黑色，使用"画笔工具"在蒙版上绘制出参差不齐的效果（在绘制过程中，可按 X 快捷键调整前景色和背景色，以增加或减少蒙版中的选区），如图 8-43 所示。

图 8-42　　　　　　　　　　　　　　　图 8-43

至此，完成使用图层蒙版制作涂抹画的操作。

Adobe Photoshop CC 课堂实录

8.4 蒙版的编辑

创建蒙版之后，还需要对蒙版进行编辑。蒙版的编辑包括蒙版的停用、启用、移动、复制、删除、应用以及将通道转换为蒙版等。

8.4.1 停用和启用蒙版

停用和启用蒙版能对图像使用蒙版前后的效果进行对比观察。若想暂时取消图层蒙版的应用，可以右击图层蒙版缩览图，在弹出的快捷菜单中选择"停用图层蒙版"命令，或按 Shift 键的同时，单击图层蒙版缩览图也可以停用图层蒙版功能，此时图层蒙版缩览图中会出现一个红色的"×"标记。

如果要重新启用图层蒙版功能，再次右击图层蒙版缩览图，在弹出的快捷菜单中选择"启用图层蒙版"命令，或再次按住 Shift 键的同时单击图层蒙版缩览图即可恢复蒙版效果，如图 8-44 和图 8-45 所示。

图 8-44　　　　　　　　　　　　　　　图 8-45

8.4.2 移动和复制蒙版

蒙版可以在不同的图层上进行复制或者移动。若要复制蒙版，按住 Alt 键并拖动蒙版到其他图层即可，如图 8-46 和图 8-47 所示；若要移动蒙版，只需将蒙版拖动到其他图层即可。在"图层"面板中移动图层蒙版和复制图层蒙版，得到的图像效果是完全不同的。

图 8-46　　　　　　　　　　　　　　　图 8-47

8.4.3 删除和应用蒙版

若删除图层蒙版，可拖动图层蒙版缩览图到"删除图层"按钮上，释放鼠标，在弹出的对话框中单击"删除"按钮即可，如图 8-48 所示；或在"图层"面板中的蒙版缩览图上单击鼠标右键，在弹出的快捷菜单中选择"删除图层蒙版"命令。

应用蒙版就是将使用蒙版后的图像效果集成到一个图层中，其功能类似于合并图层。应用图层蒙版的方法是在图层蒙版缩览图上单击鼠标右键，在弹出的快捷菜单中选择"应用图层蒙版"命令即可，如图 8-49 所示。

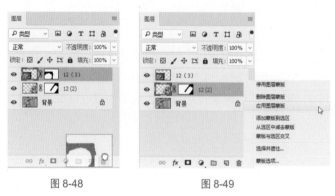

图 8-48   图 8-49

8.4.4 将通道转换为蒙版

将通道转换为蒙版的实质是将通道中的选区作为图层的蒙版，从而对图像的效果进行调整。将通道转化为蒙版的方法是在"通道"面板中按住 Ctrl 键的同时单击相应的通道缩览图，即可载入该通道的选区，如图 8-50 和图 8-51 所示。切换到"图层"面板，选择图层，单击"添加图层蒙版"按钮，即可将通道选区作为图层蒙版，如图 8-52 和图 8-53 所示。

图 8-50   图 8-51   图 8-52   图 8-53

实例：使用通道为人物更换背景

我们将利用本小节所学通道相关知识为人物更换背景。

Step01 启动 Photoshop CC 2018 软件，执行"文件"|"打开"命令，打开"发丝 .jpg"图像，如图 8-54 所示。

Step02 执行"窗口"|"通道"命令，弹出"通道"面板，拖动"蓝"通道到"创建新通道"按钮上复制该通道，如图 8-55 所示。

图 8-54   图 8-55

Step03 复制通道后的图像如图 8-56 所示。

Step04 在工具箱中选中"减淡工具" ![图标]，在属性栏中设置"范围"为"高光"、"曝光度"为 50%，在发丝周围进行涂抹，使头发阴影部分变为白色，如图 8-57 所示。

图 8-56   图 8-57

Step05 按 Ctrl+M 组合键，弹出"曲线"对话框，调整曲线，增加通道中人物和背景的对比，如图 8-58 所示。

Step06 调整后的图像如图 8-59 所示。

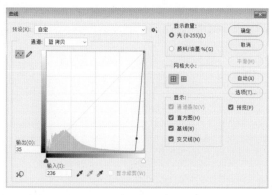

图 8-58   图 8-59

Step07 按住 Ctrl 键的同时单击"蓝 拷贝"通道缩览图，载入选区，如图 8-60 所示。

Step08 返回"图层"面板，按 Shift+Ctrl+I 组合键反选选区，单击"图层"面板底端的"添加图层蒙版"按钮 ![图标] 为图层添加蒙版，如图 8-61 所示。

图 8-60 图 8-61

Step09 执行"文件"|"置入嵌入对象"命令,在弹出的"置入嵌入的对象"对话框中置入"风景 .jpg"文件,并移至"图层 0"下方,如图 8-62 所示。

Step10 设置前景色为白色、背景色为黑色,在工具箱中选择画笔工具,在属性栏中设置"不透明度"为 80%,使用画笔工具在蒙版上涂抹发丝边缘(在绘制过程中,可按 X 快捷键调整前景色和背景色,以增加或减少蒙版中的选区),使发丝过渡得更加自然,如图 8-63 所示。

图 8-62 图 8-63

至此,完成使用通道为长发美女更换背景的操作。

△ **ACAA课堂笔记**

Adobe Photoshop CC 课堂实录

8.5 课堂实战——使用通道为人物磨皮

我们将利用本章所学通道相关知识为人物磨皮。

Step01 启动 Photoshop CC 2018 软件，执行"文件"|"打开"命令，打开"woman-.jpg"图像，如图 8-64 所示。

Step02 执行"窗口"|"通道"命令，弹出"通道"面板，拖动"蓝"通道到"创建新通道"按钮上复制该通道，如图 8-65 所示。

Step03 复制通道后的图像如图 8-66 所示。

图 8-64

图 8-65

图 8-66

Step04 执行"滤镜"|"其他"|"高反差保留"命令，弹出"高反差保留"对话框，设置参数，如图 8-67 所示。

Step05 单击"确定"按钮，效果如图 8-68 所示。

Step06 设置前景色为 #9f9f9f，在工具箱中选中画笔工具涂抹人物的嘴和眼睛，如图 8-69 所示。

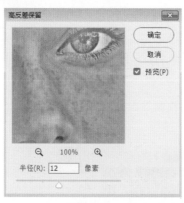

图 8-67

图 8-68

图 8-69

Step07 执行"图像"|"计算"命令，设置混合模式为"强光"，如图 8-70 所示。

Step08 反复计算三次，效果如图 8-71 所示。

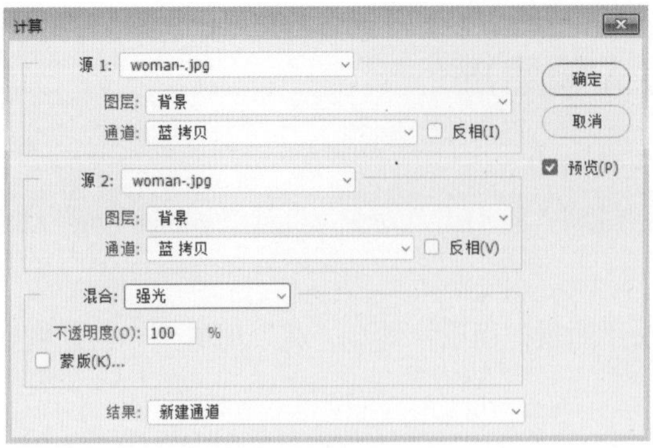

图 8-70

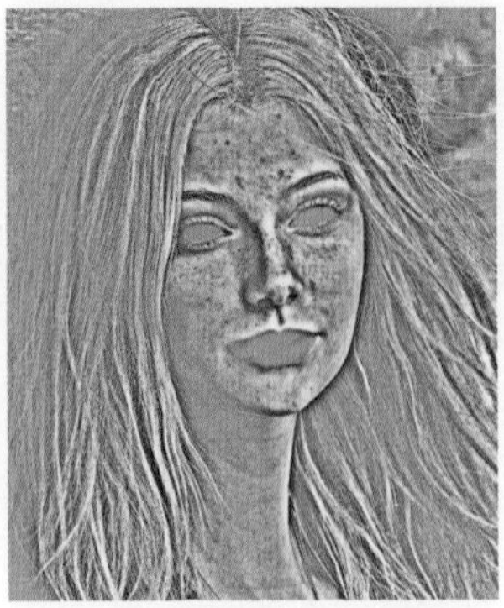

图 8-71

Step09 在“通道”面板中单击“将通道作为选区载入”按钮 ，创建选区，按 Shift+Ctrl+I 组合键反选选区，如图 8-72 所示。

Step10 单击 RGB 通道，再转到“图层”面板，效果如图 8-73 所示。

Step11 在“图层”面板底端单击“创建新的填充或调整图层”按钮 ，在弹出的下拉菜单中选择“曲线”命令创建调整图层，在“属性”面板中调整参数，如图 8-74 所示。

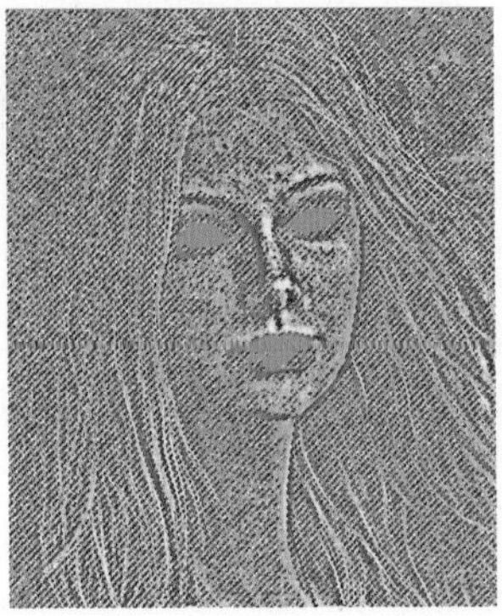

图 8-72

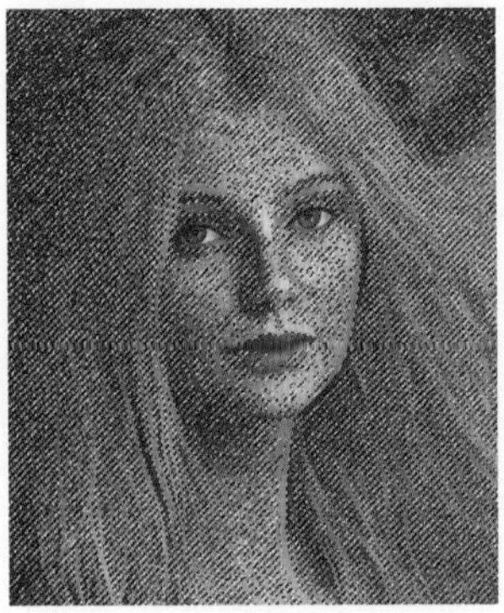

图 8-73

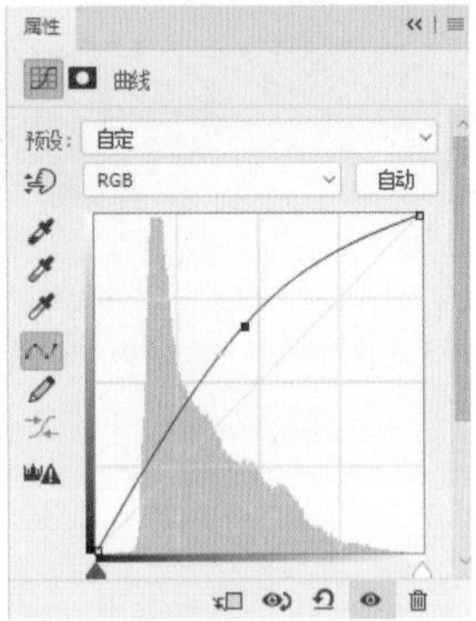

图 8-74

Step12 按 Ctrl+Alt+Shift+E 组合键盖印图层，如图 8-75 所示。

Step13 选择“背景”图层，按 Ctrl+J 组合键两次，按住 Ctrl 键选择“背景 拷贝”图层和“背景 拷贝 2”图层并移至“图层 1”上方，如图 8-76 所示。

Step14 选择“背景 拷贝 2”图层，执行“滤镜”|“模糊”|“表面模糊”命令，弹出“表面模糊”对话框，设置参数，如图 8-77 所示。

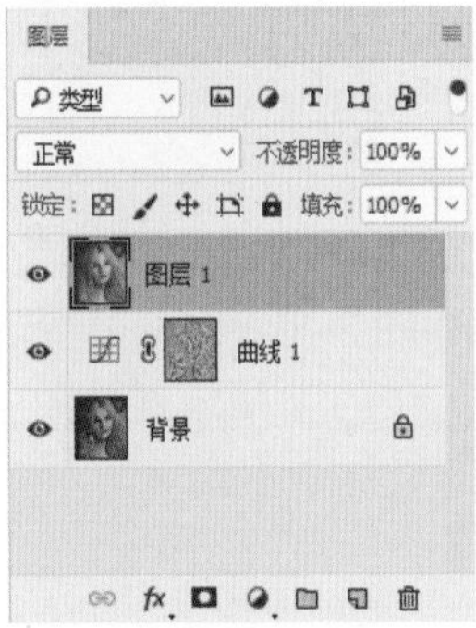

图 8-75

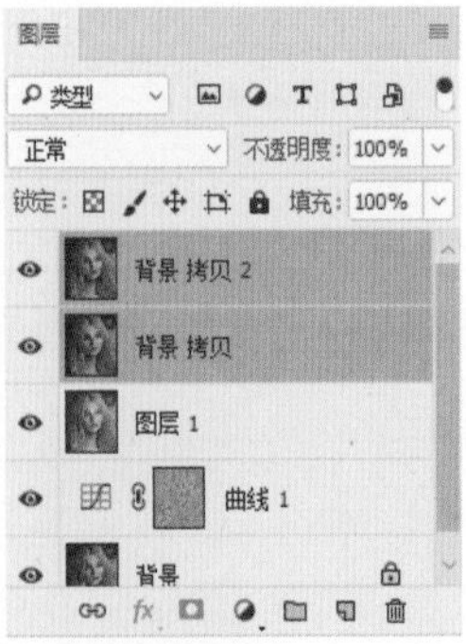

图 8-76

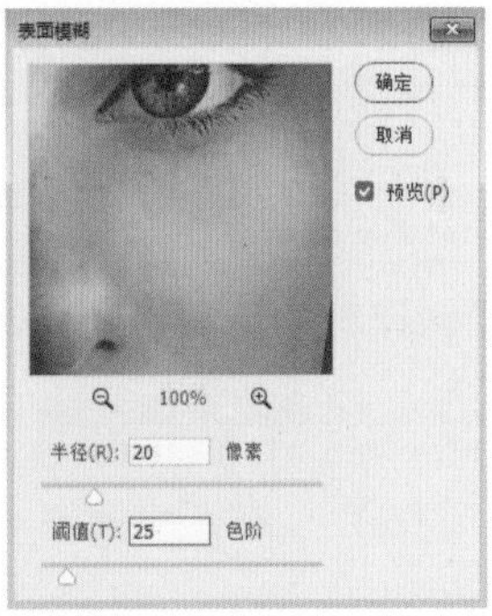

图 8-77

Step15 执行"图像"|"应用图像"命令，弹出"应用图像"对话框，设置参数，如图 8-78 所示。

Step16 执行"滤镜"|"其他"|"高反差保留"命令，弹出"高反差保留"对话框，设置参数，如图 8-79 所示。

图 8-78 　　　　　　　　　　　　　　图 8-79

Step17 设置图层混合模式为"线性光"，如图 8-80 所示。

Step18 选择"背景 拷贝"图层，设置不透明度，如图 8-81 所示。

Step19 按住 Ctrl 键选择"图层 1"图层、"背景 拷贝"图层和"背景 拷贝 2"图层三个图层，鼠标单击"创建新组"按钮，按住 Alt 键单击"添加图层蒙版"按钮创建蒙版，如图 8-82 所示。

图 8-80 　　　　　　　　　图 8-81 　　　　　　　　　图 8-82

Step20 设置前景色为白色，选择"画笔工具"，在属性栏中设置不透明度为 85%，在人物皮肤上涂抹，按 Ctrl+Alt+Shift+E 组合键盖印图层，如图 8-83 所示。

Step21 选择历史记录画笔工具，涂抹除皮肤以外的部分，如图 8-84 所示。

Step22 选择修补工具，修补脸上的斑点，如图 8-85 所示。

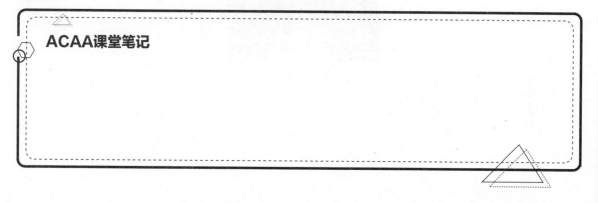

ACAA课堂笔记

图 8-83

图 8-84

图 8-85

Step23 按 Q 快捷键进入快速蒙版，使用画笔工具画出需要提亮的部分，按 Q 快捷键退出快速蒙版，创建选区，按 Shift+Ctrl+I 组合键反选选区，如图 8-86 所示。

Step24 按 Ctrl+L 组合键，弹出"曲线"对话框，设置参数，如图 8-87 所示。

图 8-86

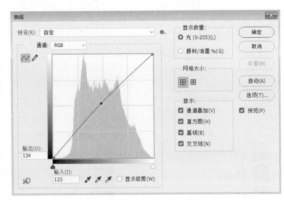
图 8-87

Step25 按 Ctrl+D 组合键取消选区，调整后的图像如图 8-88 所示。

图 8-88

至此，完成使用通道为人物磨皮的操作。

8.6 课后作业

一、选择题

1. Alpha 通道最主要的用途是（　　）。

    A. 保存图像色彩信息

    B. 保存图像未修改前的状态

    C. 用来存储和建立选择范围

2. 下列关于专色通道的说法正确的是（　　）。

    A. 如果要在 PageMaker 中单独输出专色，只能将 Photoshop 图像存为 DCS5.0 格式后置入 PageMaker

    B. 通过"通道"面板弹出菜单中的"合并专色通道"命令可以把几个专色通道合并为一个

    C. 在"专色通道选项"对话框中的"密度"值设得越高印刷在纸上的油墨越厚

    D. 专色油墨就是除 C、M、Y、K 混合产生的油墨以外的其他油墨

3. CMYK 模式的图像有（　　）颜色通道。

    A. 1 个　　　　　　　　B. 3 个　　　　　　　　C. 4 个　　　　　　　　D. 5 个

4. 下面对图层上的蒙版描述不正确的是（　　）。

    A. 图层上的蒙版相当于一个 8 位灰阶的 Alpha 通道

    B. 在图层上建立蒙版只能是白色的

    C. 矢量蒙版可以通过形状工具创建，也可以通过路径来创建

    D. 应用蒙版就是将使用蒙版后的图像效果集成到一个图层中，其功能类似于合并图层

二、填空题

1. 通道主要分为_____、_____、Alpha 通道和_____。

2. 在 Photoshop 中，通道主要是用来存放图像的_____和_____。

3. 在 Photoshop 中蒙版分为_____、矢量蒙版、_____和_____4 类。

4. 当在快速蒙版模式中工作时，"通道"面板中会出现一个_____通道。

5. 若要复制蒙版，按住_____键并拖动蒙版到其他图层即可。

三、上机题

1. 启动 Photoshop CC 2018 软件，选择快速蒙版工具制作撕裂效果，如图 8-89 和图 8-90 所示。

图 8-89　　　　　　　　　　　　　　　　　　　图 8-90

思路提示：

◎ 按 Ctrl+J 组合键复制图层并缩小，填充背景图层为白色。

◎ 选择套索工具将图片分为两个不规则部分。

◎ 按 Q 快捷键创建快速蒙版。

◎ 执行"滤镜"|"像素化"|"晶格化"命令，设置参数。

◎ 按 Q 快捷键退出快速蒙版，按住 Ctrl+T 组合键作自由变换，移动位置。

◎ 在图层样式中添加投影效果。

2. 启动 Photoshop CC 2018 软件，利用通道抠取白云，如图 8-91 和图 8-92 所示。

图 8-91   图 8-92

思路提示：

◎ 在"通道"面板中复制"红"通道。

◎ 按 Ctrl+M 组合键将背景变为黑色。

◎ 选择减淡工具，设置"范围"为"高光"，"曝光度"为 50%，使白云减淡。

◎ 按住 Ctrl 键，单击"红 拷贝"通道出现选区。

◎ 返回到"图层"面板，添加图层蒙版。

第〈9〉章

滤镜的应用

内容导读

　　滤镜是设计工作中的一个好帮手，使用它可以很便捷地创建出各种丰富的效果。通过对本章内容的学习，读者可以掌握并应用各种滤镜效果，以打造出超炫的艺术光影效果。

学习目标

>> 熟悉滤镜的应用范围，熟悉液化滤镜、
　　自适应广角滤镜等相关知识；

>> 熟练掌握滤镜库的设置与应用；

>> 熟练应用模糊、锐化、像素化、渲染、
　　杂色和其他组中的滤镜进行图像处理。

9.1 滤镜概述

滤镜本身是一种摄影器材，安装在摄影机上，用于改变光源的色温，以满足摄影及制作特殊效果的需要。在 Photoshop 中，不仅可以制作出一些常见的艺术效果（如素描、油画等），还可以制作出创意效果。

9.1.1 认识滤镜

Photoshop 中的滤镜主要分为软件自带的内置滤镜和外挂滤镜两种。内置滤镜主要有两种用途：一是用于创作具体的图像特效，主要集中在"风格化""素描""扭曲"以及"艺术效果"等滤镜组中；另一种用于编辑图像，如减少图像杂色、提高清晰度等，主要集中在"模糊""锐化"以及"杂色"等滤镜组中。

Photoshop 中所有的滤镜都在"滤镜"菜单中。执行"滤镜"命令，弹出"滤镜"菜单，如图 9-1 所示。在滤镜组中有多个滤镜命令，可通过执行一次或多次滤镜命令为图像添加不一样的效果。

在"滤镜"菜单中，各命令的含义分别介绍如下。

◎ 第一栏中的"高反差保留"命令：显示的是最近使用过的滤镜。
◎ 第二栏中的"转换为智能滤镜"命令：可以整合多个不同的滤镜，并对滤镜效果的参数进行调整和修改，让图像的处理过程更加智能化。
◎ 第三栏中是独立特殊滤镜命令。单击后即可使用。
◎ 第四栏中是滤镜组命令。每个滤镜组中又包含多个滤镜命令。

如果安装了外挂滤镜，则会出现在"滤镜"菜单的底部。

图 9-1

9.1.2 滤镜的使用规则

在使用滤镜时，掌握其使用规则和操作技巧，可大大提高工作效率。

◎ 使用滤镜处理图层的图像时，其作用范围仅限于当前正在编辑的、可见的图层或图层选区中，若图像此时没有选区，则默认对当前图层上的整个图像视为当前图像。
◎ 滤镜效果以像素为单位进行计算，即使采用相同的参数，处理不同分辨率的图像，其效果也不一样。
◎ 只有"云彩"滤镜可以应用在没有像素的区域，其他滤镜必须应用在包含像素的区域（部分外挂通道除外）。
◎ 在 CMYK 颜色模式下，某些滤镜将不可用；在索引和位图颜色模式下，所有滤镜都不可用。如果要对 CMYK 图像、索引和位图图像应用滤镜，将图像转换为 RGB 颜色模式后，再应用滤镜。
◎ 在任何一个滤镜对话框中按住 Alt 键，"取消"按钮都将变成"复位"按钮。单击"复位"按钮，可以将滤镜参数恢复为默认参数，如图 9-2 和图 9-3 所示。
◎ 当应用完一个滤镜以后，在"滤镜"菜单的第一栏中将显示该滤镜的名称。执行该命令或按 Ctrl+Alt+F 组合键，可按照上一次应用滤镜的参数设置再次对图像应用该滤镜。
◎ 滤镜的使用顺序对其总体效果有明显的影响。先应用"木刻"滤镜再应用"强化的边缘"滤镜，效果如图 9-4 所示；先应用"强化的边缘"滤镜再应用"木刻"滤镜，效果如图 9-5 所示。

图 9-2　　　　　　　　　　　　图 9-3

图 9-4　　　　　　　　　　　　图 9-5

◎ 在应用滤镜的过程中，如果要终止，可以按 Esc 键；如果要返回上一步，按 Ctrl+Z 组合键即可。

◎ 在应用滤镜时，通常会弹出相应的滤镜对话框，在该滤镜对话框中，可以通过预览窗口预览滤镜效果，也可以拖动图像，以观察其他区域的效果，如图 9-6 和图 9-7 所示。单击 🔍 和 🔍 按钮，可以缩放图像的显示比例。

图 9-6　　　　　　　　　　　　图 9-7

9.2 独立滤镜

在 Photoshop CC 2018 中，独立滤镜不包含任何滤镜子菜单，直接执行即可使用，包括"滤镜库""自适应广角""Camera Raw 滤镜""镜头校正""液化"以及"消失点"滤镜。

■ 9.2.1　滤镜库

执行"滤镜"|"滤镜库"命令，弹出滤镜库对话框，如图 9-8 所示。

图 9-8

在滤镜库对话框中，各选项的含义分别介绍如下。

◎ 预览框：可预览图像的变化效果，单击底部的 □□ 按钮，可缩小或放大预览框中的图像。

◎ 滤镜组：该区域中显示了"风格化""画笔描边""扭曲""素描""纹理"和"艺术效果"等 6 组滤镜，单击每组滤镜前面的三角形图标可展开该滤镜组，即可看到该组中所包含的具体滤镜。

◎ "显示 / 隐藏滤镜缩览图"按钮 ⊡：单击该按钮可隐藏或显示滤镜缩览图。

◎ "滤镜"弹出式菜单与参数设置区：在"滤镜"弹出式菜单中可以选择所需滤镜，在其下方区域中可设置当前所应用滤镜的各种参数值和选项，如图 9-9 所示。

◎ 选择滤镜显示区域：单击某一个滤镜效果图层，将显示选择该滤镜；剩下的属于已应用但未选择的滤镜。

◎ "隐藏滤镜"按钮 ◉：单击效果图层前面的 ◉ 图标，可隐藏滤镜效果，再次单击，将显示被隐藏的效果，如图 9-10 所示。

图 9-9　　　　　　　　图 9-10

◎ "新建效果图层"按钮 ⬜：若要同时使用多个滤镜，单击该按钮，即可新建一个效果图层，从而实现多滤镜的叠加使用。

◎ "删除效果图层"按钮 🗑：选择一个效果图层后，单击该按钮即可将其删除。

■ 9.2.2　自适应广角滤镜

自适应广角滤镜可以校正由于使用广角镜头而造成的镜头扭曲。执行"滤镜"|"自适应广角"命令，

弹出"自适应广角"对话框，如图 9-11 所示。

图 9-11

在"自适应广角"对话框中，各工具的含义分别介绍如下。

◎ "约束工具" ▶ : 使用该工具，单击图像或拖动端点可添加或编辑约束。按住 Shift 键单击可添加水平或垂直约束；按住 Alt 键单击可删除约束。

◎ "多边形约束工具" ◇ : 使用该工具，单击图像或拖动端点可添加或编辑多边形约束。单击初始起点可结束约束；按住 Alt 键单击可删除约束。

◎ "移动工具" ✛ : 使用该工具，拖动鼠标可以在画布中移动内容。

◎ "抓手工具" ✋ : 放大图像的显示比例后，可使用该工具移动图像，以观察图像的不同区域。

◎ "缩放工具" Q : 使用该工具在预览区域中单击可放大图像的显示比例；按住 Alt 键在该区域中单击，则会缩小图像的显示比例。

■ 9.2.3 Camera Raw 滤镜

Camera Raw 滤镜不但提供了导入和处理相机原始数据的功能，也可以用来处理 JPEG 和 TIFF 格式文件。执行"滤镜"|"Camera Raw 滤镜"命令，弹出 Camera Raw 滤镜对话框，如图 9-12 所示。其中左上方工具箱中包括 11 种工具，可用于画面的局部调整或裁切等操作。右侧的调整窗口主要为大量的颜色调整以及明暗调整选项，通过调整滑块可以轻松地观察到画面效果的变化。

在 Camera Raw 滤镜对话框中，各工具的含义分别介绍如下。

◎ "白平衡工具" ✐ : 使用该工具在白色或灰色的图像内容上单击，可以校正照片的白平衡。

◎ "颜色取样工具" ✐ : 使用该工具在图像中单击，可以建立颜色取样点，对话框顶部会显示取样像素的颜色值，以便在调整时观察颜色的变化情况。

◎ "目标调整工具" ↖ : 长按此工具，在弹出的下拉菜单中可以选择"参数曲线""色相""饱和度"和"明亮度"四个选项，然后在图像中拖动鼠标即可应用调整。

◎ "变换工具" ▯ : 调整水平方向和垂直方向的透视平衡工具。

◎ "污点去除" ✐ : 去除不要的污点杂质，出现两个圆圈，可以修复和仿制。

◎ "红眼去除" ⊙ : 与 Photoshop 中红眼工具相同，可以去除红眼。

◎ "调整画笔" ✎：可对图像的色温、色调、颜色、对比度、饱和度、杂色等进行调整。

◎ "渐变滤镜" ▢：以线性渐变的方式对图像局部进行调整。

◎ "径向滤镜" ○：以径向渐变的方式对图像局部进行调整。

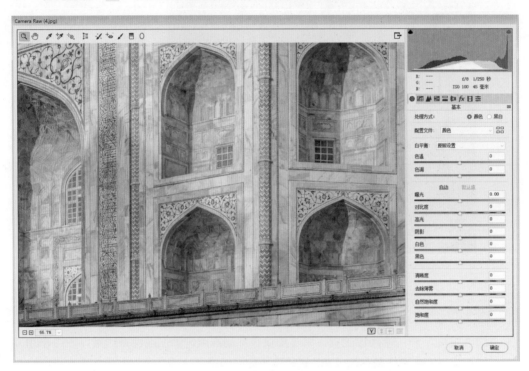

图 9-12

9.2.4　镜头校正滤镜

镜头校正滤镜可以对变形失真的图像进行校正，修复常见的镜头瑕疵。执行"滤镜"|"镜头校正"命令，弹出"镜头校正"对话框，如图 9-13 所示。其中左侧工具箱中包括 5 种应用工具，右侧则分为"自动校正"和"自定"两个参数设置面板。

图 9-13

Adobe Photoshop CC 课堂实录

在"镜头校正"对话框中，各工具的含义分别介绍如下。

◎ "移去扭曲工具" 🐛：向中心拖动或脱离中心以校正失真。

◎ "拉直工具" 📷：绘制一条直线将图像拉直到新的横轴或竖轴。

◎ "移动网格工具" ✋：使用该工具可以移动网格，以将其与图像对齐。

9.2.5 液化滤镜

液化滤镜的原理是将图像以液体形式进行流动变化，让图像在适当的范围内用其他部分的像素图像替代原来的图像像素。使用该滤镜能对图像进行收缩、膨胀扭曲以及旋转等变形处理，还可以定义扭曲的范围和强度，同时还可以将调整好的变形效果存储起来或载入以前存储的变形效果。

执行"滤镜"|"液化"命令，弹出"液化"对话框，如图 9-14 所示。其中，左侧工具箱中包含12 种应用工具。右侧为选项调整窗口。

图 9-14

在"液化"对话框中，各工具的含义分别介绍如下。

◎ "向前变形工具" 👆：该工具可移动图像中的像素，得到变形效果。

◎ "重建工具" ✏️：使用该工具在变形区域单击鼠标或拖动鼠标进行涂抹，可以使变形区域的图像恢复到原始状态。

◎ "平滑工具" ✏️：用来平滑调整后的图像边缘。

◎ "顺时针旋转扭曲工具" 🔄：使用该工具在图像中单击鼠标或移动鼠标时，图像会被顺时针旋转扭曲；当按住 Alt 键单击鼠标时，图像则会被逆时针旋转扭曲。

◎ "褶皱工具" ⚙️：使用该工具在图像中单击鼠标或移动鼠标时，可使像素向画笔中间区域的中心移动，使图像产生收缩的效果。

◎ "膨胀工具" ◇：使用该工具在图像中单击鼠标或移动鼠标时，可使像素向画笔中心区域以外的方向移动，使图像产生膨胀的效果。

◎ "左推工具" ：当垂直向上拖动该工具时，像素向左移动（向下拖动，像素会向右移动）。围绕对象顺时针拖动增加其大小，或逆时针拖动减小其大小。当按住 Alt 键垂直向上拖动时向右移动像素（或者要在向下拖动时向左移动像素）。

◎ "冻结工具" ：使用该工具可以在预览窗口绘制出冻结区域，在调整时，冻结区域内的图像不会受到变形工具的影响。

◎ "解冻蒙版工具" ：使用该工具涂抹冻结区域能够解除该区域的冻结。

◎ "脸部工具" ：单击该工具后鼠标悬停在脸部时，Photoshop 会在脸部周围显示直观的屏幕控件，当出现双向箭头时，单击后长按拖动该箭头可进行调整，如图 9-15 和图 9-16 所示。

图 9-15　　　　　　　　　　　图 9-16

■ 实例：使用液化滤镜美化人物形体

我们将利用本章所学液化滤镜相关知识美化人物形体。

Step01 启动 Photoshop CC 2018 软件，执行"文件"|"打开"命令，打开"人物 -.jpg"图像，如图 9-17 所示。

Step02 执行"编辑"|"首选项"|"光标"命令，弹出"首选项"对话框，在"光标"选项设置界面中勾选"在画笔笔尖显示十字线"复选框，如图 9-18 所示。

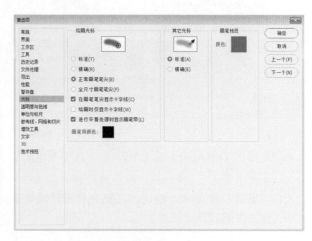

图 9- 17　　　　　　　　　　　图 9-18

Step03 按 Ctrl+J 组合键复制图层，并水平向上移动，如图 9-19 所示。

Step04 在工具箱中选择矩形选框工具，从图像左边缘至右边缘绘制选区（以大腿为参考），按 Ctrl+T 组合键自由变换图形，如图 9-20 所示。

图 9-19   图 9-20

Step05 当选区框出现双向箭头 ⬍ 时向下拖动选区，拖动到合适的腿长度位置后单击属性栏中的"提交变换"按钮 ✓ 即可。按 Ctrl+D 组合键取消选区，并将图像向下水平移动，如图 9-21 所示。

Step06 选择矩形选框工具在人物四周绘制选区（人物占画面少，可选择局部进行液化），如图 9-22 所示。

图 9-21   图 9-22

Step07 按 Ctrl+Shift+X 组合键，弹出"液化"对话框，选择向前变形工具并设置画笔的压力和浓度（调整过程中按 [键和] 键控制画笔大小），将光标中十字线放置在人物边缘单击并向内拖动，如图 9-23 所示。

图 9-23

Step08 调整双腿与箱子部分时，可在对话框左侧工具箱中选择冻结工具进行涂抹，如图 9-24 所示。

Step09 选择向前变形工具继续调整，调整结束后单击解冻蒙版工具在冻结部分擦除即可，如图 9-25 所示。

图 9-24   图 9-25

Step10 调整完成后单击"确定"按钮，最终效果如图 9-26 所示。

图 9-26

至此，完成使用液化滤镜美化人物形体的操作。

■ 9.2.6 消失点滤镜

消失点滤镜能够在保证图像透视角度不变的前提下，对图像进行绘制、仿制、复制或粘贴以及变换等操作。操作会自动应用透视原理，按照透视的角度和比例来自适应图像的修改，从而大大节约精确设计和修饰照片所需的时间。

执行"滤镜"|"消失点"命令，弹出"消失点"对话框，如图 9-27 所示。其中，左侧工具箱中包含 10 种应用工具。

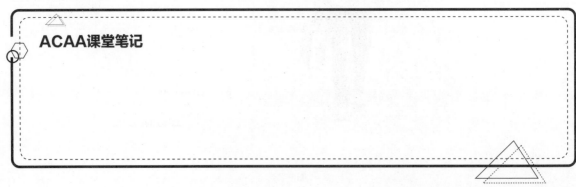

ACAA课堂笔记

图 9-27

在消失点对话框中，各工具的含义分别介绍如下。

◎ "编辑平面工具" ![] ：该工具用于选择、编辑、移动平面和调整平面大小。

◎ "创建平面工具" ![] ：使用该工具，单击图像中透视平面或对象的四个角可创建平面，还可以从现有的平面伸展节点拖出垂直平面。

◎ "选框工具" ![] ：使用该工具，在图像中单击并移动可选择该平面上的区域，按住 Alt 键拖动选区可将区域复制到新目标；按住 Ctrl 键拖动选区可用源图像填充该区域。

◎ "图章工具" ![] ：使用该工具，在图像中按住 Alt 键单击可为仿制设置源点，然后单击并拖动鼠标来绘画或仿制。按住 Shift 键单击可将描边扩展到上一次单击处。

◎ "画笔工具" ![] ：使用该工具，在图像中单击并拖动鼠标可进行绘画。按住 Shift 键单击可将描边扩展到上一次单击处。选择 "修复明亮度" 可将绘画调整为适应阴影或纹理。

◎ "变换工具" ![] ：使用该工具，可以缩放、旋转和翻转当前选区。

◎ "吸管工具" ![] ：使用该工具在图像中吸取颜色，也可以单击 "画笔颜色" 色块，弹出 "拾色器" 对话框。

◎ "测量工具" ![] ：使用该工具，可以在透视平面中测量项目中的距离和角度。

9.3 滤镜库的应用

滤镜库是为了快速地找到滤镜而诞生的，在滤镜库中包括 "风格化" "画笔描边" "扭曲" "素描" "纹理" 和 "艺术效果" 等滤镜组，每个滤镜组中又包含多种滤镜效果，根据需要可自行选择想要的图像效果。

9.3.1 风格化滤镜组

风格化滤镜组主要通过置换像素并且查找和提高图像中的对比度，产生一种绘画式或印象派艺术效果。这些滤镜可以强调图像的轮廓，用彩色线条勾画出彩色图像边缘，用白色线条勾画出灰度图像边缘。

执行"滤镜"|"风格化"命令，弹出其子菜单，执行相应的菜单命令即可实现滤镜效果，下面将对其进行分别介绍。

1．查找边缘

该滤镜能查找图像中主色块颜色变化的区域，并将查找到的边缘轮廓描边，使图像看起来像用笔刷勾勒的轮廓。如图9-28和图9-29所示为使用"查找边缘"滤镜前后效果对比。

2．等高线

该滤镜用于查找主要亮度区域，并为每个颜色通道勾勒出主要亮度区域，以获得与等高线图中的线条类似的效果，如图9-30所示。

3．风

该滤镜可以将图像的边缘进行位移，创建出水平线用于模拟风的动感效果，是制作纹理或为文字添加阴影效果时常用的滤镜工具，如图9-31所示。

图9-28   图9-29   图9-30   图9-31

4．浮雕效果

该滤镜能通过勾画图像的轮廓和降低周围色值来产生灰色的浮凸效果。执行此命令后图像会自动变为深灰色，产生把图像里的图片凸出的视觉效果，如图9-32所示。

5．扩散

该滤镜可以按指定的方式移动相邻的像素，使图像形成一种类似透过磨砂玻璃观察物体的模糊效果。

6．拼贴

该滤镜可以将图像分解为一系列块状，并使其偏离原来的位置，进而产生不规则拼砖效果，如图9-33所示。

7．曝光过度

该滤镜可以混合正片和负片图像，产生类似摄影中的短暂曝光的效果。

8．凸出

该滤镜可以将图像分解成一系列大小相同且重叠的立方体或椎体，以生成特殊的3D效果，如图9-34所示。

9．油画

该滤镜可以将普通图像添加油画效果，如图9-35所示。

10．照亮边缘

该滤镜收录在滤镜库中，需执行"滤镜"|"滤镜库"命令，弹出"滤镜库"对话框，在"风格化"滤镜组中执行该滤镜命令即可。使用该滤镜能让图像产生比较明亮的轮廓线，形成一种类似霓虹灯的亮光效果。

图9-32　　　　　　　图9-33　　　　　　　图9-34　　　　　　　图9-35

9.3.2　画笔描边滤镜组

画笔描边滤镜组收录在滤镜库中，用于模拟不同的画笔或油墨笔刷来勾画图像，使图像产生手绘效果。这些滤镜可以对图像增加颗粒、绘画、杂色、边缘细线或纹理，以得到点画效果。

执行"滤镜"|"滤镜库"命令，弹出"滤镜库"对话框，在"画笔描边"滤镜组中执行相应的菜单命令即可实现滤镜效果，下面将对其进行分别介绍。

1．成角的线条

该滤镜可以产生斜笔画风格的图像，类似于使用画笔按某一角度在画布上用油画颜料所涂画出的斜线，线条修长、笔触锋利。如图9-36和图9-37所示为使用"成角的线条"滤镜前后效果对比。

2．墨水轮廓

该滤镜可在图像的颜色边界处模拟油墨绘制图像轮廓，从而产生钢笔油墨风格效果，如图9-38所示。

3．喷溅

该滤镜可使图像产生一种按一定方向喷洒水花的效果，画面看起来像被雨水冲刷过一样，如图9-39所示。

图 9-36

图 9-37

图 9-38

图 9-39

4. 喷色描边

该滤镜和"喷溅"滤镜效果相似，可以产生在画面上喷洒水后形成的效果，或有一种被雨水打湿的视觉效果，还可以产生斜纹飞溅效果。

5. 强化的边缘

该滤镜可对图像的边缘进行强化处理。设置低的边缘亮度控制值时，强化效果类似黑色油墨；设置高的边缘亮度控制值时，强化效果类似白色粉笔，如图 9-40 所示。

6. 深色线条

该滤镜通过用短而密的线条来绘制图像中的深色区域，用长而白的线条来绘制图像中颜色较浅的区域，从而产生一种很强的黑色阴影效果，如图 9-41 所示。

7. 烟灰墨

该滤镜可通过计算图像中像素值的分布，对图像进行概括性的描述，进而产生用饱含黑色墨水的画笔在宣纸上进行绘画的效果。它能使带有文字的图像产生更特别的效果，也被称为书法滤镜，如图 9-42 所示。

8. 阴影线

该滤镜可以产生具有十字交叉线网格风格的图像，如同在粗糙的画布上使用笔刷画出十字交叉线作画时所产生的效果，给人一种随意编制的感觉，如图 9-43 所示。

图 9-40

图 9-41

图 9-42

图 9-43

■ 9.3.3 扭曲滤镜组

扭曲滤镜组主要用于对平面图像进行扭曲，使其产生旋转、挤压、水波和三维等变形效果。

执行"滤镜"|"扭曲"命令，弹出其子菜单，执行相应的菜单命令即可实现滤镜效果，下面将对其进行分别介绍。

1．波浪

该滤镜可根据设定的波长和波幅产生波浪效果。如图9-44和图9-45所示为使用"波浪"滤镜前后效果对比。

2．波纹

该滤镜可根据参数设定产生不同的波纹效果，如图9-46所示。

3．极坐标

该滤镜可将图像从直角坐标系转化成极坐标系或从极坐标系转化为直角坐标系，产生极端变形效果，如图9-47所示。

图 9-44　　　　　　　　图 9-45　　　　　　　　图 9-46　　　　　　　　图 9-47

4．挤压

该滤镜可使全部图像或选区图像产生向外或向内挤压的变形效果，如图9-48所示。

5．切变

该滤镜能根据在对话框中设置的垂直曲线来使图像发生扭曲变形，如图9-49所示。

6．球面化

该滤镜能使图像区域膨胀实现球形化，形成类似于将图像贴在球体或圆柱体表面的效果，如图9-50所示。

7．水波

该滤镜可模仿水面上产生的起伏状波纹和旋转效果，用于制作同心圆类的波纹，如图9-51所示。

图 9-48　　　　　　　　图 9-49　　　　　　　　图 9-50　　　　　　　　图 9-51

8. 旋转扭曲

该滤镜可使图像产生类似于风轮旋转的效果，甚至可以产生将图像置于一个大旋涡中心的螺旋扭曲效果，如图 9-52 所示。

9. 置换

该滤镜可用另一幅图像（必须是 PSD 格式）的亮度值替换当前图像亮度值，使当前图像的像素重新排列，产生位移的效果。

10. 玻璃

该滤镜收录在滤镜库中，需执行"滤镜"|"滤镜库"命令，弹出"滤镜库"对话框，在"扭曲"滤镜组中执行该滤镜命令即可。使用该滤镜能模拟透过玻璃观看图像的效果，如图 9-53 所示。

11. 海洋波纹

该滤镜收录在滤镜库中，使用该滤镜能为图像表面增加随机间隔的波纹，使图像产生类似海洋表面的波纹效果，如图 9-54 所示。

12. 扩散亮光

该滤镜收录在滤镜库中，使用该滤镜能使图像产生光热弥漫的效果，用于表现强烈光线和烟雾效果，如图 9-55 所示。

图 9-52　　　　　　　　图 9-53　　　　　　　　图 9-54　　　　　　　　图 9-55

■ 实例：使用扭曲滤镜制作全景照片

我们将利用本章节所学扭曲滤镜相关知识制作全景照片。

Step01 启动 Photoshop CC 2018 软件，执行"文件"|"打开"命令，打开"city-.jpg"图像，如图 9-56 所示。

Step02 在工具箱中选择裁剪工具，在属性栏的"比例"下拉列表框中选择"1∶1（方形）"比例进行裁剪，如图 9-57 所示。

Step03 执行"滤镜"|"扭曲"|"切变"命令，弹出"切变"对话框，设置参数，如图 9-58 所示。

图 9-56

图 9-57

图 9-59

Step04 执行"图像"|"图像旋转"|180°命令，如图 9-59 所示。

Step05 在工具箱中选择修补工具在拼合处进行修复，如图 9-60 所示。

Step06 执行"滤镜"|"扭曲"|"极坐标"命令，弹出"极坐标"对话框，设置参数，如图 9-61 所示。

图 9-59

图 9-60

图 9-61

Step07 在工具箱中选择椭圆选框工具，在属性栏中设置"羽化"为 20 像素，框选主体选区，按 Ctrl+Shift+I 组合键反选选区，设置如图 9-62 所示。

Step08 按 Ctrl+J 组合键复制选区，生成"图层 1"，如图 9-63 所示。

Step09 执行"滤镜"|"模糊"|"高斯模糊"命令，弹出"高斯模糊"对话框，设置参数，如图 9-64 所示。

ACAA课堂笔记

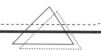

图 9-62

图 9-63

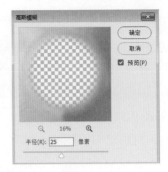
图 9-64

Step10 调整后的图像如图 9-65 所示。

Step11 在"图层"面板底端单击创建新的填充或调整图层按钮，在弹出的下拉菜单中选择"色彩平衡"命令创建调整图层，在"属性"面板中调整参数，如图 9-66 所示。

Step12 调整后的图像如图 9-67 所示。

图 9-65

图 9-66

图 9-67

至此，完成使用扭曲滤镜制作全景照片的操作。

■ 9.3.4　素描滤镜组

素描滤镜组根据图像中高色调、半色调和低色调的分布情况，使用前景色和背景色按特定的运算方式填充和添加纹理，使图像产生素描、速写及三维的艺术效果。

执行"滤镜"|"滤镜库"命令，弹出"滤镜库"对话框，在"素描"滤镜组中执行相应的菜单命令即可实现滤镜效果，下面将对其进行分别介绍。

1. 半调图案

该滤镜可使用前景色和背景色模拟半调网屏效果，如图 9-68 和图 9-69 所示为使用"半调图案"滤镜前后效果对比。

2. 便条纸

该滤镜可使图像以前景色和背景色混合产生凹凸不平的草纸画效果，其中前景色作为凹陷部分，而背景色作为凸出部分，如图 9-70 所示。

3. 粉笔和炭笔

该滤镜可以重绘高光和中间调，并使用粗糙粉笔绘制纯中间调的灰色背景。阴影区域用黑色对角炭笔线条替换。炭笔用前景色绘制，粉笔用背景色绘制，如图 9-71 所示。

图 9-68　　　　　　　图 9-69　　　　　　　图 9-70　　　　　　　图 9-71

4. 铬黄渐变

该滤镜将图像处理成银质的铬黄表面效果。亮部为高反射点；暗部为低反射点，如图 9-72 所示。

5. 绘图笔

该滤镜将以前景色和背景色生成钢笔画素描效果，图像中没有轮廓，只有变化的笔触效果，如图 9-73 所示。

6. 基底凸现

该滤镜主要用来模拟粗糙的浮雕效果，并用光线照射强调表面变化的效果。图像的暗色区域使用前景色，而浅色区域使用背景色，如图 9-74 所示。

7. 石膏效果

该滤镜可产生一种立体石膏压模成像的效果，使用前景色和背景色为图像上色。图像中较暗的区域升高，较亮的区域下陷，如图 9-75 所示。

图 9-72　　　　　　　图 9-73　　　　　　　图 9-74　　　　　　　图 9-75

8. 水彩画纸

该滤镜使图像产生类似在纤维纸上的涂抹效果，并使颜色相互混合，如图 9-76 所示。

9. 撕边

该滤镜重新组织图像为被撕碎的纸片效果，使用前景色和背景色为图片上色，比较适合对比度高的图像，如图 9-77 所示。

10. 炭笔

该滤镜可使图像产生碳精画的效果，图像中主要的边缘用粗线绘画，中间色调用对角细线条素描。前景色代表笔触的颜色，背景色代表纸张的颜色，如图 9-78 所示。

11. 炭精笔

该滤镜模拟使用炭精笔在纸上绘画效果，如图 9-79 所示。

图 9-76　　　　　　　图 9-77　　　　　　　图 9-78　　　　　　　图 9-79

12. 图章

该滤镜使图像简化、突出主体，看起来像是用橡皮或木制图章盖上去的效果，一般用于黑白图像，如图 9-80 所示。

13. 网状

该滤镜使用前景色和背景色填充图像，在图像中产生一种网眼覆盖的效果，如图 9-81 所示。

14. 影印

该滤镜使图像产生类似印刷中影印的效果，计算机会把之前的色彩去掉，如图 9-82 所示。

图 9-80　　　　　　　图 9-81　　　　　　　图 9-82

■ 9.3.5　纹理滤镜组

纹理滤镜组主要用于为图像添加具有深度感和材料感的纹理，使图像具有质感。该滤镜在空白画面上也可以直接工作，并能生成相应的纹理图案。

执行"滤镜"|"滤镜库"命令，弹出"滤镜库"对话框，在"纹理"滤镜组中执行相应的菜单命令即可实现滤镜效果，下面将对其进行分别介绍。

1．龟裂缝

该滤镜可使图像产生龟裂纹理，从而制作出具有浮雕样式的立体图像效果。它也可在空白画面上直接产生具有皱纹效果的纹理。如图 9-83 和图 9-84 所示为使用"龟裂缝"滤镜前后效果对比。

2．颗粒

该滤镜可通过模拟不同种类的颗粒在图像中添加纹理，如图 9-85 所示。

3．马赛克拼贴

该滤镜用于产生类似马赛克拼成的图像效果，如图 9-86 所示。

图 9-83　　　　　　　　图 9-84　　　　　　　　图 9-85　　　　　　　　图 9-86

4．拼缀图

该滤镜在马赛克拼贴滤镜的基础上增加了一些立体感，使图像产生一种类似于建筑物上使用瓷砖拼成图像的效果，如图 9-87 所示。

5．染色玻璃

该滤镜可将图像分割成不规则的多边形色块，然后用前景色勾画其轮廓，产生一种视觉上的彩色玻璃效果，如图 9-88 所示。

6．纹理化

该滤镜可往图像中添加不同的纹理，使图像看起来富有质感。用于处理含有文字的图像，使文字呈现比较丰富的特殊效果，如图 9-89 所示。

ACAA课堂笔记

| 图 9-87 | 图 9-88 | 图 9-89 |

■ 9.3.6 艺术效果滤镜组

艺术效果滤镜组可模拟多种现实世界的艺术手法，能让普通的图像变为绘画形式不拘一格的艺术作品，可以用来制作用于商业的特殊效果图像。

执行"滤镜"|"滤镜库"命令，弹出"滤镜库"对话框，在"艺术效果"滤镜组中执行相应的菜单命令即可实现滤镜效果，下面将对其进行分别介绍。

1．壁画

该滤镜可使图像产生壁画一样的粗犷风格效果。如图 9-90 和图 9-91 所示为使用"壁画"滤镜前后效果对比。

2．彩色铅笔

该滤镜模拟使用彩色铅笔在纯色背景上绘制图像，如图 9-92 所示。

3．粗糙蜡笔

该滤镜可使图像产生类似蜡笔在纹理背景上绘图的纹理浮雕效果，如图 9-93 所示。

| 图 9-90 | 图 9-91 | 图 9-92 | 图 9-93 |

4．底纹效果

该滤镜可根据所选的纹理类型使图像产生相应的底纹效果，如图 9-94 所示。

5．干画笔

该滤镜能模仿使用颜料快用完的毛笔进行作画，笔迹的边缘断断续续、若有若无，产生一种干枯的油画效果，如图 9-95 所示。

6．海报边缘

该滤镜的作用是增加图像对比度并沿边缘的细微层次加上黑色，能够产生具有招贴画边缘效果的图像，如图 9-96 所示。

7．海绵

该滤镜可使图像产生类似海绵浸湿的图像效果，如图 9-97 所示。

图 9-94 　　　　　图 9-95 　　　　　图 9-96 　　　　　图 9-97

8．绘画涂抹

该滤镜模拟手指在湿画上涂抹的模糊效果，如图 9-98 所示。

9．胶片颗粒

该滤镜可计图像产生胶片颗粒状纹理效果，如图 9-99 所示。

10．木刻

该滤镜使图像产生出粗糙剪切的彩纸组成的效果，高对比度图像看起来像黑色剪影，而彩色图像看起来像由几层彩纸构成，如图 9-100 所示。

11．霓虹灯光

该滤镜能够产生负片图像或与此类似的颜色奇特的图像效果，给人虚幻朦胧的感觉，如图 9-101 所示。

图 9- 98 　　　　　图 9-99 　　　　　图 9-100 　　　　　图 9-101

12. 水彩

该滤镜可以描绘出图像中景物形状，同时简化颜色，产生水彩画的效果，如图 9-102 所示。

13. 塑料包装

该滤镜可使图像产生表面质感强烈并富有立体感的塑料包装效果，如图 9-103 所示。

14. 调色刀

该滤镜可以使图像中相近的颜色相互融合，减少了细节以产生写意效果，如图 9-104 所示。

15. 涂抹棒

该滤镜可产生使用粗糙物体在图像进行涂抹的效果，能够模拟在纸上涂抹粉笔画或蜡笔画的效果，如图 9-105 所示。

图 9-102　　　　　　　图 9-103　　　　　　　图 9-104　　　　　　　图 9-105

9.4 其他滤镜组

其他滤镜组指的是除滤镜库和独立滤镜外，Photoshop 提供的一些较为特殊的滤镜，包括模糊滤镜组、锐化滤镜组、像素化滤镜组、渲染滤镜组、杂色滤镜组以及"其他"滤镜组等。在使用过程中可针对不同的情况选择使用，能让图像焕发不一样的光彩。

■ 9.4.1 模糊和模糊画廊滤镜组

模糊滤镜组主要用于不同程度地减少相邻像素间颜色的差异，使图像产生柔和、模糊的效果；模糊画廊滤镜组，可通过直观的图像控件快速地创建截然不同的照片模糊效果。

执行"滤镜"|"模糊"命令或执行"滤镜"|"模糊画廊"命令，弹出其子菜单，执行相应的菜单命令即可实现滤镜效果，下面将对两种滤镜组进行分别介绍。

1. 表面模糊

该滤镜在保留边缘的同时模糊图像。用于创建特殊效果并消除杂色或粒度。如图 9-106 和图 9-107 所示为使用"表面模糊"滤镜前后效果对比。

2. 动感模糊

该滤镜的效果类似于以固定的曝光时间给一个移动的对象拍照，如图 9-108 所示。

3. 方框模糊

该滤镜以邻近像素颜色平均值为基准模糊图像，如图 9-109 所示。

图 9-106　　　　　　　图 9-107　　　　　　　图 9-108　　　　　　　图 9-109

4. 高斯模糊

高斯是指对像素进行加权平均时所产生的钟形曲线。该滤镜可根据数值快速地模糊图像，产生朦胧效果，如图 9-110 所示。

5. 进一步模糊

与"模糊"滤镜产生的效果一样，但效果强度会增加到 3 ～ 4 倍。

6. 径向模糊

该滤镜可以产生具有辐射性模糊的效果。模拟相机前后移动或旋转产生的模糊效果，如图 9-111 所示。

7. 镜头模糊

该滤镜可向图像中添加模糊以产生更窄的景深效果，使图像中的一些对象在焦点内，另一些区域变模糊。用它来处理照片，可创建景深效果。但需要用 Alpha 通道或图层蒙版的深度值来映射图像中像素的位置，如图 9-112 所示。

8. 模糊

该滤镜使图像变得模糊一些，它能去除图像中明显的边缘或非常轻度的柔和边缘，如同在照相机的镜头前加入柔光镜所产生的效果。

9. 平均

该滤镜能找出图像或选区中的平均颜色，然后用该颜色填充图像或选区以创建平滑的外观。

10. 特殊模糊

该滤镜能找出图像的边缘并对边界线以内的区域进行模糊处理。它的优点是在模糊图像的同时仍使图像具有清晰的边界，有助于去除图像色调中的颗粒、杂色，从而产生一种边界清晰中心模糊的效果，如图 9-113 所示。

图 9-110

图 9-111

图 9-112

图 9-113

11．形状模糊

该滤镜使用指定的形状作为模糊中心进行模糊，如图 9-114 所示。

12．场景模糊

该滤镜可通过定义具有不同模糊量的多个模糊点来创建渐变的模糊效果。将多个图钉添加到图像，并指定每个图钉的模糊量。最终结果是合并图像上所有模糊图钉的效果。也可在图像外部添加图钉，以对边角应用模糊效果。

13．光圈模糊

该滤镜可使图片模拟浅景深效果，而不管使用的是什么相机或镜头。也可定义多个焦点，这是使用传统相机技术几乎不可能实现的效果。

14．移轴模糊

该滤镜可模拟倾斜偏移镜头拍摄的图像。此特殊的模糊效果会定义锐化区域，然后在边缘处逐渐变得模糊，可用于模拟微型对象的照片，如图 9-115 所示。

15．路径模糊

该滤镜可沿路径创建运动模糊，还可控制形状和模糊量。Photoshop 可自动合成应用于图像的多路径模糊效果，如图 9-116 所示。

16．旋转模糊

该滤镜可模拟在一个或更多点旋转和模糊图像，如图 9-117 所示。

ACAA课堂笔记

图 9-114

图 9-115

图 9-116

图 9-117

■ 9.4.2 锐化滤镜组

锐化滤镜组主要是通过增强图像相邻像素间的对比度，使图像轮廓分明、纹理清晰，以减弱图像的模糊程度。

执行"滤镜"|"锐化"命令，弹出其子菜单，执行相应的菜单命令即可实现滤镜效果，下面将对其进行分别介绍。

1. USM 锐化

该滤镜通过调整边缘细节的对比度，在边缘的每侧生成一条亮线和一条暗线。如图 9-118 和图 9-119 所示为使用"USM 锐化"滤镜前后效果对比。

图 9-118

图 9-119

2. 防抖

该滤镜可有效地降低由于抖动产生的模糊。

3. 进一步锐化

该滤镜通过增强图像相邻像素的对比度来达到清晰图像的目的，锐化效果强烈。

4. 锐化

该滤镜可增加图像像素之间的对比度，使图像清晰化，锐化效果微小。

5. 锐化边缘

该滤镜只锐化图像的边缘，同时保留总体的平滑度。

6. 智能锐化

该滤镜可设置锐化算法，或控制在阴影和高光区域中进行的锐化量，以获得更好的边缘检测并减少锐化晕圈，是一种高级锐化方法。

■ 9.4.3 像素化滤镜组

像素化滤镜组通过将图像中相似颜色值的像素转化成单元格的方法，使图像分块或平面化，将图像分解成肉眼可见的像素颗粒，如方形、不规则多边形和点状等，视觉上看就是图像被转换成由不同色块组成的图像。

执行"滤镜"|"像素化"命令，弹出其子菜单，执行相应的菜单命令即可实现滤镜效果，下面将对其进行分别介绍。

1. 彩块化

该滤镜使图像中纯色或相似颜色凝结为彩色块，从而产生类似宝石刻画般的效果。

2. 彩色半调

该滤镜模拟在图像的每个通道上使用放大的半调网屏的效果。对于每个通道，滤镜将图像划分为矩形，并用圆形替换每个矩形。圆形的大小与矩形的亮度成比例，如图9-120和图9-121所示为使用"彩色半调"滤镜前后效果对比。

3. 点状化

该滤镜在图像中随机产生彩色斑点，点与点间的空隙用背景色填充，如图9-122所示。

4. 晶格化

该滤镜可将图像中颜色相近的像素集中到一个多边形网格中，从而把图像分割成许多个多边形的小色块，产生晶格化的效果，如图9-123所示。

图 9-120　　　　　　　图 9-121　　　　　　　图 9-122　　　　　　　图 9-123

5. 马赛克

该滤镜可将图像分解成许多规则排列的小方块，实现图像的网格化，每个网格中的像素均使用本网格内的平均颜色填充，从而产生类似马赛克般的效果，如图 9-124 所示。

6. 碎片

该滤镜将图像的像素复制 4 遍，将它们平均位移并降低不透明度，从而形成一种不聚焦的"四重视"效果，如图 9-125 所示。

7. 铜板雕刻

该滤镜能将图像转换为黑白区域的随机图案或彩色图像中完全饱和颜色的随机图案，如图 9-126 所示。

图 9-124　　　　　　　　　　图 9-125　　　　　　　　　　图 9-126

9.4.4　渲染滤镜组

渲染滤镜组主要用于不同程度地使图像产生三维造型效果或光线照射效果，或给图像添加特殊的光线，比如云彩、镜头折光等效果。

执行"滤镜"|"渲染"命令，弹出其子菜单，执行相应的菜单命令即可实现滤镜效果，下面将对其进行分别介绍。

1. 火焰

该滤镜可给图像中选定路径添加火焰效果。

2. 图片框

该滤镜可给图像添加各种样式的边框。

3. 树

该滤镜可给图像添加各种样式的树。

4. 分层云彩

该滤镜可使用前景色和背景色对图像中的原有像素进行差异运算，产生图像与云彩背景混合并反白的效果。

5. 光照效果

该滤镜包括 17 种不同的光照风格、3 种光照类型和 4 组光照属性，可在 RGB 图像上制作出各种光照效果，也可加入新的纹理及浮雕效果，使平面图像产生三维立体效果，如图 9-127 和图 9-128 所示为使用"光照效果"滤镜前后效果对比。

6. 镜头光晕

该滤镜通过为图像添加不同类型的镜头，从而模拟镜头产生眩光效果，这是摄影技术中一种典型的光晕效果处理方法，如图 9-129 所示。

<table>
<tr><td>图 9-127</td><td>图 9-128</td><td>图 9-129</td></tr>
</table>

7. 纤维

该滤镜用于将前景色和背景色混合填充图像，从而生成类似纤维效果。

8. 云彩

该滤镜是唯一能在空白透明层上工作的滤镜，不使用图像现有像素进行计算，而是使用前景色和背景色计算。通常制作天空、云彩、烟雾等效果。

■ 9.4.5 杂色滤镜组

杂色滤镜组可给图像添加一些随机产生的干扰颗粒，即噪点；还可创建不同寻常的纹理或去掉图像中有缺陷的区域。

执行"滤镜"|"杂色"命令，弹出其子菜单，执行相应的菜单命令即可实现滤镜效果，下面将对其进行分别介绍。

1. 减少杂色

该滤镜用于去除扫描照片和数码相机拍摄照片上产生的杂色。

2. 蒙尘与划痕

该滤镜通过将图像中有缺陷的像素融入周围的像素，达到除尘和涂抹的效果，如图 9-130 和图 9-131 所示为使用"蒙尘与划痕"滤镜前后效果对比。

3. 去斑

该滤镜通过对图像或选区内的图像进行轻微地模糊、柔化，从而达到掩饰图像中细小斑点、消除轻微折痕的作用。这种模糊在去掉杂色的同时还会保留原来图像的细节。

4．添加杂色

该滤镜可为图像添加一些细小的像素颗粒，使其混合到图像内的同时产生色散效果，常用于添加杂点纹理效果，如图 9-132 所示。

5．中间值

该滤镜可采用杂点和其周围像素的折中颜色来平滑图像中的区域，也是一种用于去除杂色点的滤镜，可减少图像中杂色的干扰，如图 9-133 所示。

图 9-130

图 9-131

图 9-132

图 9-133

■ 9.4.6　其他滤镜组

"其他"滤镜组可用来创建自定义滤镜，也可修饰图像的某些细节部分。执行"滤镜"|"其他"命令，弹出其子菜单，执行相应的菜单命令即可实现滤镜效果，下面将对其分别进行介绍。

1．HSB/HSL

该滤镜可以把图像中每个像素的 RGB 转化成 HSB 或 HSL。如图 9-134 和图 9-135 所示为使用"HSB/HSL"滤镜前后效果对比。

2．高反差保留

该滤镜可以在有强烈颜色转变发生的地方按指定的半径保留边缘细节，并且不显示图像的其余部分，与浮雕效果类似，如图 9-136 所示。

3．位移

该滤镜可在参数设置对话框中通过调整参数值来控制图像的偏移，如图 9-137 所示。

图 9-134

图 9-135

图 9-136

图 9-137

4．自定义

该滤镜可以创建存储自定义滤镜。可更改图像中每个像素的亮度值，根据周围的像素值为每个像素重新指定一个值，如图 9-138 所示。

5．最大值

该滤镜有收缩效果，向外扩展白色区域，并收缩黑色区域，如图 9-139 所示。

6．最小值

该滤镜有扩展效果，向外扩展黑色区域，并收缩白色区域，如图 9-140 所示。

图 9-138　　　　　　　图 9-139　　　　　　　图 9-140

ACAA课堂笔记

Adobe Photoshop CC 课堂实录

9.5 课堂实战——制作水彩风景画

我们将利用本章所学滤镜相关知识制作水彩风景画。

Step01 启动 Photoshop CC 2018 软件，执行"文件"|"打开"命令，打开"Scenery-.jpg"图像，如图 9-141 所示。

Step02 在"图层"面板中右击"背景"图层，在弹出的快捷菜单中选择"转换为智能对象"命令，将"背景"图层转换为智能对象"图层 0"，如图 9-142 所示。

图 9-141　　　　　　　　　　　　　图 9-142

Step03 执行"滤镜"|"滤镜库"命令，弹出滤镜库对话框，在"艺术效果"滤镜组中选择"干画笔"滤镜并设置参数，如图 9-143 所示。

图 9-143

Step04 在"图层"面板中设置图层混合模式为"点光"，如图 9-144 所示。

Step05 执行"滤镜"|"模糊"|"特殊模糊"命令，弹出"特殊模糊"对话框，设置参数，如图 9-145 所示。

Step06 设置后的图像如图 9-146 所示。

图 9-144

图 9-145

图 9-146

Step07 在"图层"面板中,右击"特殊模糊"效果,在弹出的快捷菜单中选择"编辑智能滤镜混合选项"命令,弹出"混合选项(特殊模糊)"对话框,设置参数,如图 9-147 所示。

Step08 执行"滤镜"|"风格化"|"查找边缘"命令,如图 9-148 所示。

Step09 在"图层"面板中,右击"查找边缘"效果,在弹出的快捷菜单中选择"编辑智能滤镜混合选项"命令,弹出"混合选项(查找边缘)"对话框,设置参数,如图 9-149 所示

图 9-147

图 9-148

图 9-149

Step10 执行"文件"|"置入嵌入对象"命令,在弹出的"置入嵌入的对象"对话框中置入"纸 .jpg"文件,如图 9-150 所示。

Step11 在"图层"面板中,设置图层混合模式为"正片叠底",再选择"图层 0",按住 Alt 键的同时单击"图层"面板底端的"添加图层蒙版"按钮,创建蒙版,如图 9-151 所示。

Step12 设置前景色为白色,背景色为黑色。在工具箱中选择"画笔工具"并设置参数,如图 9-152 所示。

图 9-150

图 9-151

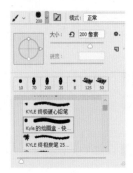
图 9-152

Step13 在蒙版涂抹的过程中，根据需要调整该画笔的大小和不透明度，会有更真实的效果，如图9-153所示

图 9-153

至此，完成水彩风景画的制作。

9.6 课后作业

一、选择题

1. 下列哪个滤镜可以减少渐变中的颜色过渡不平滑，出现阶梯状的色带？（ ）

   A. "滤镜" | "杂色"　　　　　　　　　　　　　B. "滤镜" | "风格化" | "扩散"

   C. "滤镜" | "扭曲" | "置换"　　　　　　　　D. "滤镜" | "锐化" | "USM 锐化 "

2. 当图像是（ ）模式时，所有的滤镜都不可以使用（假设图像是 8 位 / 通道）。

   A. CMYK　　　　　　　B. 双色调　　　　　C. 灰度　　　　D. 索引颜色

3（ ）色彩模式的图像转换为多通道模式时，建立的通道名称均为 Alpha。

   A. RGB　　　　B. CMYK　　　　　　C. Lab　　　　D. 多通道

4. 可以对智能对象执行滤镜命令，下列（ ）滤镜命令不可以生成智能滤镜。

   A. Camera Raw 滤镜　　B. 液化　　　　　C. 滤镜库　　　　　　D. 消失点

5. 当将 CMYK 模式的图像转换为多通道模式时，产生的通道名称是（ ）。

   A. 用数字 1、2、3、4 表示四个通道　　　　B. 四个通道名称都是 Alpha 通道

   C. 四个通道名称为 "黑色" 的通道　　　　D. 青色、洋红、黄色和黑色

二、填空题

1. 使用滤镜处理图层的图像时，其作用范围仅限于当前_____、_____或图层选区中的图像。

2. Camera Raw 滤镜不但提供了导入和处理相机原始数据的功能，也可以用来处理_____和_____格式文件。

3. 液化滤镜的原理是将_____以液体形式进行流动变化，让图像在适当的范围内用其他部分的像素图像替代原来的图像像素。

4. 风格化滤镜组主要通过_____并且查找和提高图像中的对比度，产生一种绘画式或印象派艺

术效果。

5. 锐化滤镜组主要是通过增强图像相邻像素间的_____，使图像轮廓分明、纹理清晰，以减弱图像的_____程度。

三、上机题

1. 启动 Photoshop CC 2018 软件，利用消失点给盒子贴图，如图 9-154 和图 9-155 所示。

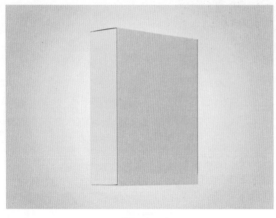

图 9-154

图 9-155

思路提示：

◎ 打开星空文件，全选并复制。

◎ 打开纸盒文件，执行"滤镜"|"消失点"命令，建立选区并粘贴。

◎ 更改混合模式，改为"正片叠底"。

2. 启动 Photoshop CC 2018 软件，利用 Camera Raw 滤镜调出赛博朋克风格色调，如图 9-156 和图 9-157 所示。

图 9-156

图 9-157

思路提示：

◎ 执行"滤镜"|"Camera Raw 滤镜"命令，调整参数。

◎ 赛博朋克风格以蓝色、洋红和紫色为主。

◎ 高饱和低明度。

第 ⟨10⟩ 章

动作与自动化

内容导读

　　动作和自动化操作是 Photoshop 软件中比较人性化的设计命令,可以将一些枯燥、烦琐、重复的操作过程记录下来反复使用,并且可以对大量图像进行批量处理,为设计者节省时间。

学习目标

>> 熟悉"动作"面板;

>> 熟练应用动作预设、编辑动作和动作组;

>> 掌握批处理命令、图像处理器命令、Photomerge 命令等;

>> 掌握创建 PDF 演示文稿命令和联系表 II 命令等的操作方法与技巧。

10.1 动作的应用

动作是指在单个文件或一批文件上执行的一系列命令的操作。使用其功能可以记录下使用过的操作，然后快速地对某个文件进行指定操作或对一批文件进行同样处理。

10.1.1 认识"动作"面板

动作的操作基本集中在"动作"面板中，使用"动作"面板可以记录、应用、编辑和删除某个动作，还可以用来存储和载入动作文件。执行"窗口"|"动作"命令或按 Alt+F9 组合键，将弹出"动作"面板，如图 10-1 所示。

在"动作"面板中，各选项的含义分别介绍如下。

图 10-1

◎ 动作组 / 动作 / 命令：动作组是一系列动作的集合，而动作是一系列操作命令的集合。

◎ "切换对话框开 / 关"按钮 ▣ ▢：用于选择在动作执行时是否弹出各种对话框或菜单。若动作中的命令显示该按钮，表示在执行该命令时会弹出对话框以供设置参数；若隐藏该按钮时，表示忽略对话框，动作按先前设定的参数执行。

◎ "切换项目开 / 关"按钮 ✓：用于选择需要执行的动作。关闭该按钮，可以屏蔽此命令，使其在动作播放时不被执行。

◎ 按钮组 ■ ● ▶：这些按钮用于对动作的各种控制，从左至右各个按钮的功能依次是停止播放/记录、开始记录、播放选定的动作。

◎ 单击"动作"面板右上角的面板菜单按钮 ▤，在打开的"动作"面板菜单中可以切换显示的状态（按钮模式）、基本操作、记录 / 插入动作、选项设置、加载预设动作等操作。

> **知识点拨**
>
> 不能以按钮模式查看个别的命令或组。

10.1.2 应用预设

应用预设是指将"动作"面板中已录制的动作应用于图像文件或相应的图层上。选择需要应用预设的图层，在"动作"面板中选择需执行的动作，然后单击"播放选定的动作"按钮 ▶ 即可运行该动作。

除了默认动作组外，Photoshop 还自带了多个动作组，每个动作组中包含了许多同类型的动作。单击"动作"面板右上角的面板菜单按钮，在弹出的下拉菜单中选择相应的动作即可将其载入到"动作"面板中，这些可添加的动作组包括命令、画框、图像效果、LAB- 黑白技术、制作、流星、文字效果、纹理和视频动作。

■ 实例：添加并应用预设

我们将利用本小节所学应用预设相关知识添加并应用图像效果动作。

`Step01` 启动 Photoshop CC 2018 软件，执行"文件"|"打开"命令，打开"小房子 .jpg"图像，如图 10-2 所示。

Adobe Photoshop CC 课堂实录

Step02 执行"窗口"|"动作"命令或按 Alt+F9 组合键，弹出"动作"面板，单击面板右上角的面板菜单按钮≡，在弹出的下拉菜单中选择"图像效果"命令，如图 10-3 所示。

图 10-2

图 10-3

Step03 此时"图像效果"预设动作组已添加至"动作"面板中，如图 10-4 所示。

Step04 选中"四分颜色"动作命令，单击面板底端的"播放选定的动作"按钮▶，得到如图 10-5 所示的效果。

图 10-4

图 10-5

至此，完成动作预设的添加和应用。

■ 10.1.3　创建新动作

如果软件自带的动作仍无法满足工作需要，可根据实际情况，自行录制合适的动作。执行"窗口"|"动作"命令或按 Alt+F9 组合键，弹出"动作"面板，单击面板底部的"创建新组"按钮▭，弹出"新建组"对话框，如图 10-6 所示，输入动作组名称，单击"确定"按钮。

继续在"动作"面板中单击"创建新动作"按钮◙，弹出"新建动作"对话框，如图 10-7 所示。输入动作名称，选择动作所在的组，在"功能键"下拉列表框中选择动作执行的快捷键，在"颜色"下拉列表框中为动作选择颜色，完成后单击"记录"按钮。此时"动作"面板底部的"开始记录"按钮●呈红色状态。软件则开始记录对图像所操作过的每一个动作，待录制完成后单击"停止"按钮即可。

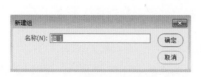

图 10-6

图 10-7

如果要停止记录，单击"动作"面板底部的"停止播放/记录"按钮即可。记录完成后，单击"开始记录"按钮，仍可以在动作中追加记录或插入记录。

10.1.4 编辑动作和动作组

记录完成后的动作也可以进行调整编辑，让动作预设更加符合需要。在"动作"面板中单击面板菜单按钮，在弹出的下拉菜单中选择相应的命令即可完成这些调整操作，如图 10-8 所示。

图 10-8

"动作"面板与"图层"面板很相似，也可以对动作进行调整、复制、删除、重命名、存储、载入、复位、替换等操作。

1．调整动作排列顺序

在"动作"面板中单击选中的动作或动作组并将其拖动到合适的位置上，释放鼠标即可移动动作排列顺序。

2．复制动作/动作组

在"动作"面板中将动作或命令拖动到面板底端的"创建新动作"按钮 上即可复制；若要复制动作组，只需将其拖动到"创建新组"按钮 上，或者通过单击面板菜单按钮，在弹出的下拉菜单中选择"复制"命令来复制动作和动作组。

3．删除动作/动作组

在"动作"面板中，选中要删除的动作、动作组或命令，将其拖动到"删除"按钮 上，或者通过单击面板菜单按钮，在弹出的下拉菜单中选择"删除"命令即可。若要删除"动作"面板中的所有动作，可以单击面板菜单按钮，在弹出的菜单中选择"清除全部动作"命令。

4．重命名动作/动作组

如果要重命名某个动作或动作组的名称，可以双击该动作或动作组的名称，重新输入名称即可。

Adobe Photoshop CC 课堂实录

或者单击面板菜单按钮，在弹出的下拉菜单中选择"动作选项"或"组选项"命令，在弹出的对话框中重新命名。

5．存储动作

如果要存储记录的动作，只需单击面板菜单按钮，在弹出的下拉菜单中选择"存储动作"命令即可。然后将动作存储为 ANT 格式的文件。

6．载入动作组

为了快速地制作某些特殊效果，可以在网站上下载动作库，只需单击面板菜单按钮，在弹出的下拉菜单中选择"载入动作"命令，在弹出的"载入"对话框中选择动作文件载入即可。

7．复位动作

单击面板菜单按钮，在弹出的下拉菜单中选择"复位动作"命令，可以将面板中的动作恢复到默认的状态。

8．替换动作

单击面板菜单按钮，在弹出的下拉菜单中选择"替换动作"命令，可以将面板中的动作替换为硬盘中的其他动作。

> **知识点拨**
>
> 按 Ctrl+Alt 组合键的同时选择"存储动作"命令，可以将动作存储为 TXT 文本，可以在文本中查看内容但不能载入 Photoshop 中。

■ 实例：创建并应用"油画"效果动作

我们将利用本小节所学动作相关知识创建并应用"油画"效果动作。

Step01 启动 Photoshop CC 2018 软件，执行"文件"|"打开"命令，打开"山水.jpg"图像，如图 10-9 所示。

Step02 执行"窗口"|"动作"命令或按 Alt+F9 组合键，弹出"动作"面板，单击面板底部的"创建新组"按钮 ▢，弹出"新建组"对话框，输入动作组名称"油画"，单击"确定"按钮，如图 10-10 所示。

图 10-9

图 10-10

Step03 继续在"动作"面板中单击"创建新动作"按钮 🖿，弹出"新建动作"对话框，如图 10-11 所示。

Step04 完成后单击"记录"按钮，此时"动作"面板底部的"开始记录" ● 按钮呈红色状态，如图 10-12 所示。

图 10-11

图 10-12

Step05 按 Ctrl+M 组合键，弹出"曲线"对话框，调整参数，如图 10-13 所示。

Step06 执行"滤镜"|"风格化"|"油画"命令，弹出"油画"对话框，在"画笔"选项组中设置参数，如图 10-14 所示。

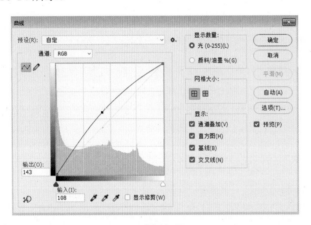

图 10-13

图 10-14

Step07 在"光照"选项组中，调整参数，如图 10-15 所示。调整后单击"确定"按钮。

Step08 按 Ctrl+U 组合键，弹出"色相 / 饱和度"对话框，调整参数，如图 10-16 所示。

图 10-15

图 10-16

Adobe Photoshop CC 课堂实录

Step09 调整后的图像如图 10-17 所示。

Step10 按 Ctrl+S 组合键存储文件，在"动作"面板中单击"停止记录"按钮 ■，如图 10-18 所示。

<table>
<tr><td>图 10-17</td><td>图 10-18</td></tr>
</table>

Step11 执行"文件"|"打开"命令，打开"荷塘 .jpg"图像，如图 10-19 所示。

Step12 在"动作"面板中选中"油画效果"动作，单击面板底端的"播放选定的动作"按钮 ▶，如图 10-20 所示。

<table>
<tr><td>图 10-19</td><td>图 10-20</td></tr>
</table>

Step13 应用"油画"效果如图 10-21 所示。

图 10-21

至此，完成油画效果动作的创建与应用。

在 Photoshop CC 2018 中包含了一些自动化工具，这些工具用于执行公共的制作任务，其中一些工具适合在动作中使用，熟练掌握这些自动化命令能大大提高工作效率。

■ 10.2.1 批处理图像的应用

批处理图像即成批量地对图像进行整合处理。批处理命令可以自动执行"动作"面板中已定义的动作命令，即将多步操作组合在一起作为一个批处理命令，快速应用于多张图像，同时对多张图像进行处理。使用批处理命令在很大程度上节省了工作时间，提高了工作效率。执行"文件"|"自动"|"批处理"命令，弹出"批处理"对话框，如图10-22所示。

图 10-22

在"批处理"对话框中，各选项的含义分别介绍如下。

◎ "播放"选项组：选择用来处理文件的动作。

◎ "源"下拉列表框：选择要处理的文件。选择"文件夹"选项：并单击下面的"选择"按钮，可以在弹出的对话框中选择一个文件夹。选择"导入"选项可以处理来自扫描仪、数码相机、PDF 文档的图像。选择"打开的文件"选项可以处理当前所有打开的文件。选择 Bridge 选项可以处理 Adobe Bridge 中选定的文件。

◎ "覆盖动作中的'打开'命令"复选框：在批处理时可以忽略动作中记录的"打开"命令。

◎ "包含所有子文件夹"复选框：将批处理应用到所选文件的子文件中。

◎ "禁止显示文件打开选项对话框"复选框：在批处理时不会显示打开文件选项对话框。

◎ "禁止颜色配置文件警告"复选框：在批处理时会关闭显示颜色方案信息。

◎ "目标"下拉列表框：设置完成批处理以后文件所保存的位置。选择"无"选项，不保存文件，文件仍处于打开状态。选择"存储并关闭"选项，可以将保存的文件保存在原始文件夹并覆盖原始文件。选择"文件夹"选项并单击下面的"选择"按钮，可以指定文件夹保存。

■ 实例：批处理图像文件

我们将利用本小节所学批处理相关知识对图像进行批处理。

Step01 启动 Photoshop CC 2018 软件，执行"文件"|"自动"|"批处理"命令，弹出"批处理"对话框，设置"播放"参数，单击"选择"按钮，选择"批处理"文件包，如图10-23所示。

在"目标"下拉列表框中选择"文件夹"选项，单击"选择"按钮，弹出"浏览文件夹"对话框，在原始文件位置新建文件夹并命名为"批处理2"，单击"确定"按钮，如图10-24所示。

图 10-23　　　　　　　　　　　　　图 10-24

Step03 单击"确定"按钮，Photoshop 自动处理文件夹里的图像，并将其保存在设置好的位置。

Step04 如图 10-25 和图 10-26 所示为批处理的图像和原图像的对比。

图 10-25　　　　　　　　　　　　　图 10-26

至此，完成批处理图像文件的操作。

■ 10.2.2　图像处理器的应用

图像处理器能快速地对文件夹中图像的文件格式进行转换，节省工作时间。执行"文件"|"脚本"|"图像处理器"命令，弹出"图像处理器"对话框，如图10-27所示。

在"图像处理器"对话框中，各选项的含义分别介绍如下。

◎ "选择要处理的图像"选项组：单击"选择文件夹"按钮，可以在弹出的对话框中指定要处理图像所在的文件夹位置。

◎ "选择位置以存储处理的图像"选项组：单击"选择文件夹"按钮，可以在弹出的对话框中指定存放处理后图像的文件夹位置。

图 10-27

◎ "文件类型"选项组：取消勾选"存储为 JPEG"复选框，勾选相应格式的复选框，完成后单击"运行"按钮，此时软件自动对图像进行处理。

如图 10-28 和图 10-29 所示为使用图像处理器命令将 JPG 图像批量转换为 TIFF 格式图像文件。

图 10-28   图 10-29

知识点拨

在"图像处理器"对话框的"文件类型"选项组中，可同时勾选多个文件类型的复选框，此时运用图像处理器可同时将文件夹中的文件转换为多种文件格式图像。

10.2.3 Photomerge 命令的应用

由于受广角镜头的制约，有时使用数码相机拍摄全景图像会变得比较困难。执行 Photomerge 命令，可以将照相机在同一水平线拍摄的序列照片进行合成。该命令可以自动重叠相同的色彩像素，也可以由用户指定源文件的组合位置，系统会自动汇集为全景图。全景图完成之后，仍然可以根据需要更改个别照片的位置。

执行"文件"|"自动"| Photomerge 命令，弹出 Photomerge 对话框，如图 10-30 所示。单击"添加打开的文件"按钮，完成后单击"确定"按钮。此时软件自动对图像进行合成。

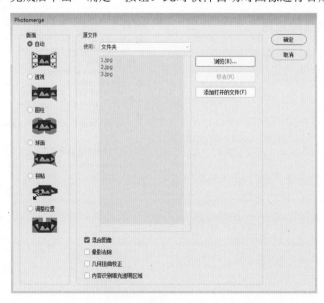

图 10-30

在 Photomerge 对话框中，各选项的含义分别介绍如下。

◎ "版面"选项组：用于设置转换为全景图片时的模式。

◎ "使用"下拉列表框：包括文件和文件夹两个选项。选择"文件"选项时，可以直接将选择的文件合并图像；选择"文件夹"选项时，可以直接将选择的文件夹中的文件合并图像。

◎ "混合图像"复选框：勾选该复选框，执行 Photomerge 命令后会直接套用混合图像蒙版。

◎ "晕影去除"复选框：勾选该复选框，可校正摄影时镜头中的晕影效果。

◎ "几何扭曲校正"复选框：勾选该复选框，可校正摄影时镜头中的几何扭曲效果。

◎ "浏览"按钮：单击该按钮，可选择合成全景图的文件或文件夹。

◎ "移去"按钮：单击该按钮，可删除列表中选中的文件。

◎ "添加打开的文件"按钮：单击该按钮，可以将软件中打开的文件直接添加到列表中。

■ 实例：Photomerge 命令制作全景图

我们将利用本小节所学 Photomerge 相关的知识制作全景图。

Step01 启动 Photoshop CC 2018 软件，执行"文件"|"自动"| Photomerge 命令，弹出 Photomerge 对话框，如图 10-31 所示。

Step02 单击"浏览"按钮，按住 Shift 键添加图像，单击"打开"按钮，如图 10-32 所示。

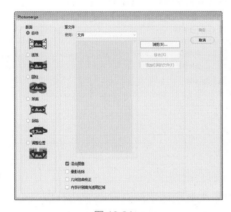
图 10-31

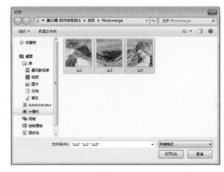
图 10-32

Step03 单击"确定"按钮，此时软件自动对图像进行合成，效果如图 10-33 所示。

图 10-33

Step04 按住 Shift 键选中全部图层，如图 10-34 所示。

Step05 按 Ctrl+T 组合键自由变换图形，按住 Shift+Alt 组合键等比放大图像，调整完成后按 Enter 键即可，如图 10-35 所示。

图 10-34   图 10-35

至此，完成全景图的制作。

■ 10.2.4 创建 PDF 演示文稿

在 Photoshop 中还可以将文件导出为 PDF 格式的文件，以拓宽图像的应用领域。执行"文件"|"自动"|"创建 PDF 演示文稿"命令，弹出"PDF 演示文稿"对话框，如图 10-36 所示。

图 10-36

在"PDF 演示文稿"对话框中，各选项的含义分别介绍如下。

◎ "源文件"：单击"浏览"按钮，在弹出的对话框中指定要处理图像所在的文件夹位置。勾选"添加打开的文件"复选框来添加已在 Photoshop 中打开的文件。

◎ "输出选项"选项组：设置输出格式和包含的要素。

◎ "演示文稿选项"选项组：选中"演示文稿"单选按钮时可设置该选项组中的参数。

> **知识点拨**
>
> PDF 演示文稿存储为常规 PDF 文件，而不是 Photoshop PDF 文件，在 Photoshop 中重新打开这些文件时，文件会被栅格化。

■ 10.2.5 创建联系表

在 Photoshop 中还可以将多个文件图像自动拼合在一张图里，生成缩览图。执行"文件"|"自动"|"联系表 II"命令，弹出"联系表 II"对话框，如图 10-37 所示。

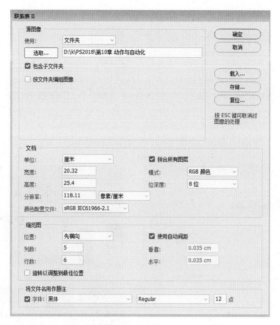

图 10-37

在"联系表Ⅱ"对话框中，各选项的含义分别介绍如下。

◎ "源图像"选项组：单击"选取"按钮，在弹出的对话框中可指定要生成图像缩览图所在的
文件夹位置。勾选"包含子文件夹"复选框，选择所在文件里所有子文件的图像。

◎ "文档"选项组：设置拼合图片的一些参数，包括尺寸、分辨率以及单位等。勾选"拼合所
有图层"复选框则合并所有图层，取消勾选该复选框则在图像里生成独立图层。

◎ "缩览图"选项组：设置缩览图生成的规则，如先横向还是先纵向、行列数目、是否旋转等。

◎ "将文件名用作题注"选项组：可设置是否使用文件名作为图片标注以及设置字体与大小。

ACAA课堂笔记

10.3 课堂实战——制作"千图成像"效果

我们将利用本章所学联系表相关知识制作"千图成像"效果。

Step01 启动 Photoshop CC 2018 软件，执行"文件"|"自动"|"联系表Ⅱ"命令，弹出"联系表Ⅱ"对话框，设置参数如图 10-38 所示。

Step02 单击"确定"按钮，等待自动生成图像，生成的图像如图 10-39 所示。

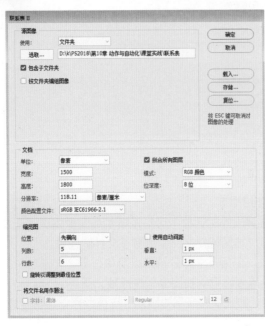

图 10-38

图 10-39

Step03 按 Ctrl+Shift+U 组合键去色。执行"编辑"|"定义图案"命令，弹出"图案名称"对话框，保持默认名称设置，单击"确定"按钮，如图 10-40 所示。

Step04 执行"文件"|"打开"命令，打开"主图.jpg"图像，单击 🔒 按钮解锁图层，如图 10-41 所示。

图 10-40

图 10-41

Step05 单击"图层"面板底端的"创建新的填充或调整图层"按钮 ●.，在弹出的下拉菜单中选择"图案"命令，在弹出的"图案填充"对话框中调整缩放比例为 15%，如图 10-42 所示。

Step06 单击"确定"按钮，效果如图 10-43 所示。

Step07 设置图层混合模式为"柔光"，如图 10-44 所示。

Step08 最终效果如图 10-45 所示。

图 10-42

图 10-43

图 10-44

图 10-45

至此，完成"千图成像"效果的制作。

10.4 课后作业

一、选择题

1. 下列选项中（　　）是"动作"面板与"历史记录"面板中都有的特点。
   A. 在关闭图像时所有记录仍然会保留下来
   B. 都可以对文件夹中的所有图像进行批处理
   C. 虽然记录的方式不同，但都可以记录对图像所做的操作
   D. "历史记录"面板记录的信息比"动作"面板广

2. 下列操作过程中是"动作"面板无法记录下来的是（　　）。
   A. 色彩平衡　　　　　　B. 海绵工具　　　　　　C. 更改尺寸大小　　　　D. 填充

3. 若要复制"动作"面板中的某个命令，可以按住（　　）键拖动该命令即可。
   A. Alt　　　　　　　　B. Ctrl　　　　　　　　C. Alt+Shift　　　　　D. Ctrl+ Alt

4. 在 Photoshop 中不属于自动化应用的是（　　）。
   A. 批处理图像　　　　　B. Photomerge 命令　　　C. 联系表 II　　　　　D. 应用预设

5. 下列关于自动化描述不正确的是（　　）。
   A. 动作记录完成后，单击"开始记录"按钮，仍可以在动作中追加记录或插入记录
   B. 图像处理器能快速地对文件夹中图像的文件格式进行转换，节省工作时间
   C. PDF 演示文稿存储为可编辑的 PSD 格式文件
   D. 执行 Photomerge 命令，可以将照相机在同一水平线拍摄的序列照片进行合成

二、填空题

1. 动作是指在单个文件或一批文件上执行的一系列_____的操作。

2. 应用预设是指将"动作"面板中已录制的_____应用于图像文件或相应的图层上。

3. 批处理命令可以自动执行"动作"面板中已定义的_____，即将多步操作组合在一起作为一个批处理命令，快速应用于_____，同时对_____进行处理。

4. Photomerge 命令可以自动重叠相同的_____，也可以由用户指定源文件的组合位置，系统会自动汇集为_____。

5. 联系表Ⅱ命令可以将多个文件图像_____在一张图里，生成_____。

三、上机题

1. 启动 Photoshop CC 2018 软件，对图像应用流星旋转动作预设，如图 10-46 和图 10-47 所示。

图 10-46

图 10-47

思路提示：

◎ 单击"动作"面板右上角的面板菜单按钮，在弹出的下拉菜单中载入"流星"命令到"动作"面板中。

◎ 选中"流星旋转"动作，单击"播放选定的动作"按钮。

2. 启动 Photoshop CC 2018 软件，创建加水印动作之后批量添加水印，如图 10-48 和图 10-49 所示。

图 10-48　　　　　　　　　　图 10-49

思路提示：

◎ 输入文字 45°，水平垂直居中，复制四个文字图层中心点对齐放置四个端点处。

◎ 执行"编辑"|"定义图案"命令。

◎ 创建动作。

◎ 新建并填充图层，在"图层样式"对话框中勾选"图案叠加"复选框并设置参数。

◎ 在"图层"面板调整填充参数为 0%，结束动作录制。

◎ 执行"文件"|"自动"|"批处理"命令。

第<11>章 —————

海报设计

内容导读

海报又名招贴或宣传画,属于户外广告,是以文化、产品为传播内容的对外最直接、最形象和最有效的宣传方式。海报能够更好地结合宣传特点,清晰地表达宣传内容。

学习目标

» 了解海报的种类、表现手法;

» 掌握海报的设计风格;

» 制作海报。

11.1 海报的种类

海报的种类有多种，主要分为营利性商业海报、非营利性社会公共海报和艺术海报三大类。按照海报的应用可将其细分为商业海报、公益海报、电影海报、文化海报和艺术海报等。

1．商业海报

商业海报一般以商品或促销内容为主，例如产品宣传、产品信息、企业形象、品牌形象、促销宣传等，如图 11-1 所示。

2．公益海报

公益海报具有一定的思想性质，例如社会公益、道德宣传、政治思想、抗震救灾、爱心奉献等，如图 11-2 所示。

3．电影海报

电影海报主要以电影内容为主，具有宣传电影的作用，吸引消费者的注意力，并走进电影院，提高票房，如图 11-3 所示。

图 11-1

图 11-2

图 11-3

4．文化海报

文化海报主要以宣传社会上各种文娱活动及展览性质的宣传海报。

5．艺术海报

艺术海报设计方式不受限制，概念性较强。

■ 11.1.1 海报的表现手法

海报一般发布、张贴到公共场所，为了吸引人流，给人留下深刻印象，所以海报应具备尺寸大、醒目、有感染力等特点。海报的表现手法一般有以下几种。

1. 直接展示

主要通过拍照和手绘等写实的手法，清晰明了地将主体展示在画面主体位置。

2. 突出特征

主要突出产品与主体本身与众不同的特征，将其放置在广告画面的主要视觉位置。

3. 合理夸张

运用想象，对宣传对象的某个特征进行明显的夸大处理，加深受众对其的认识。

4. 以小见大

对宣传的对象进行强调、取舍和浓缩，抓住一个点或一个局部集中放大表达主题思想。

5. 对比衬托

把作品中所描绘事物的性质和特点放在直接对比中表现，借彼显此，互相衬托。

6. 运用联想

通过丰富的联想，加深画面意境，使其更加具有艺术性，突破常规、一成不变的想法。

7. 悬念冲突

使用悬念加深矛盾冲突，吸引受众的兴趣和注意力。

■ 11.1.2 海报的新兴设计风格

在制作海报时，掌握不同的设计风格，可以在实际制作中运用自如。除了常见的色彩叠加、图文叠加、插画效果、蒙版遮罩、文字分离切割、双重曝光、剪纸叠加、小清新等常见风格，以下几种风格在近几年的海报设计中应用也非常广。

1. 中国风

中国风的设计中常常会出现水墨山水、中国结、书法、器具、剪纸、建筑等具有中国特色的元素。颜色普遍选择黑、白、灰、红、黄、青色。

2. 极简风

极简风常常会使用大量的留白，页面比较干净，简洁明了。

3. 极繁风

极繁风与极简风相反，画面比较烦琐，用色复杂、华丽、大胆。通过重复拼贴各种元素创造出"有序的混乱"，如图 11-4 所示。

4. 波普风

波普风（又称"新写实主义"和"新达达主义"）给人一种比较夸张的视觉冲击感，用色鲜艳大胆，诙谐风趣，如图 11-5 所示。

5. 赛博朋克风

赛博朋克风运用许多科技元素，主要以蓝、青、紫、暗色调为主，各种文化进行混搭，如图11-6所示。

| 图 11-4 | 图 11-5 | 图 11-6 |

6. 蒸汽波风

蒸汽波风常运用一些渐变、镭射、电子、拼贴等元素，画面梦幻、绚烂，如图11-7所示。

7. 孟菲斯风

孟菲斯风色调明亮清新，常运用一些波形曲线、直线、几何形状等元素进行组合，如图11-8所示。

8. 故障风

故障风给人一种缺陷美，使画面破碎，打破常规。常运用一些色块错乱、雪花、扫描线和RGB色调分离等元素，如图11-9所示。

9. 扁平风

扁平风运用没有景深的平面形状，去除厚重、复杂的装饰效果。在用色方面通常比其他风格的用色更加明亮炫丽。

| 图 11-7 | 图 11-8 | 图 11-9 |

11.1.3　海报设计欣赏

　　只有多看、多积累，提高自身审美能力，才能激发出源源不断的灵感，创造出更多优秀的作品。下面是一些不同风格海报设计，如图 11-10 ～图 11-15 所示。

图 11-10

图 11-11

图 11-12

图 11-13

图 11-14

图 11-15

11.2　制作 D.S Flower Studio Logo 和海报

　　下面将以 D.S 花艺工作室（D.S Flower Studio）的海报设计为例展开介绍。

■ 11.2.1　制作 D.S Flower Studio Logo

　　Logo 是海报中必不可缺的重要元素。在设计前先构思一下，本案例是花艺工作室，花卉便可以作为 Logo 的主元素，再加上简单大方的文字进行搭配。下面将对 Logo 的制作进行具体的介绍。

Step01 启动 Photoshop CC 2018 软件，新建一个 500×500 像素的图像文档，设置前景色为 #4edde，在工具箱中选择油漆桶工具进行填充，如图 11-16 所示。

Step02 执行"文件"|"置入嵌入对象"命令，在弹出的"置入嵌入的对象"对话框中置入"花 .jpg"
图像，如图 11-17 所示。

Step03 在"图层"面板中锁定该图层，并新建"图层 1"，如图 11-18 所示。

图 11-16　　　　　　　　　　　　图 11-17　　　　　　　　　　　　图 11-18

Step04 选择钢笔工具进行绘制，如图 11-19 所示。

Step05 闭合路径后鼠标右击，在弹出的快捷菜单中选择"填充路径"命令，在弹出的"填充路径"
对话框中设置参数，如图 11-20 所示。单击"确定"按钮即可。

Step06 按 Ctrl+Enter 组合键建立选区，按 Ctrl+D 组合键取消选区，效果如图 11-21 所示。

图 11-19　　　　　　　　　　　　图 11-20　　　　　　　　　　　　图 11-21

Step07 重复步骤 3 至步骤 5，绘制另外几片花瓣，如图 11-22 所示。

Step08 双击"图层 1"缩览图，在弹出的"图层样式"对话框中勾选"描边"复选框，打开"描边"
选项设置界面，设置参数，如图 11-23 所示。

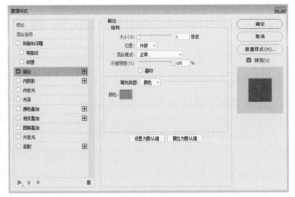

图 11-23　　　　　　　　　　　　　　　图 11-23

Step09 右击"图层1"，在弹出的快捷菜单中选择"拷贝图层样式"命令，按住Shift键选择"图层2"~"图层9"，鼠标右击，在弹出的快捷菜单中选择"粘贴图层样式"命令，如图11-24所示。

Step10 调整花瓣图层的顺序，如图11-25所示。

Step11 单击"花"图层前面的 ◉ 按钮，隐藏该图层，如图11-26所示。

Step12 按住Shift键选择"图层1"~"图层9"，鼠标右击，在弹出的快捷菜单中选择"链接图层"命令，然后单击"图层"面板底端的"创建新组"按钮 ▭，如图11-27所示。

图 11-24   图 11-25   图 11-26   图 11-27

Step13 按 Ctrl+T 组合键自由变换图形，按住 Shift 键等比例缩放，并移动到合适位置，如图11-28所示。

Step14 设置前景色为#1fab89，选择横排文字工具，输入文字"D"和"S"，如图11-29所示。

Step15 移动 S 图层，如图11-30所示。

图 11-28   图 11-29   图 11-30

Step16 鼠标右击 D 图层，在弹出的快捷菜单中选择"转换为形状"命令，选择钢笔工具更改路径，如图11-31所示。

Step17 选择转换点工具更改路径，如图11-32所示。按 Enter 键结束调整。

Step18 鼠标右击 S 图层，在弹出的快捷菜单中选择"转换为形状"命令，选择钢笔工具更改路径，如图11-33所示。

Step19 选择转换点工具更改路径，按 Enter 键结束调整，如图11-34所示。

Step20 将"组1"移至 D 图层上方，如图11-35所示。

Step21 调整位置，如图11-36所示。

图 11-31

图 11-32

图 11-33

图 11-34

图 11-35

图 11-36

Step22 选择横排文字工具，输入文字"D.S Flower Studio"，如图 11-37 所示。

Step23 单击属性栏中的 ▦ 按钮，弹出"字符"面板，设置参数，如图 11-38 所示。

Step24 选中所有图像，移至居中，如图 11-39 所示。

图 11-37

图 11-38

图 11-39

ACAA课堂笔记

Step25 选择矩形工具，绘制矩形，如图 11-40 所示。

Step26 按 Shift+Ctrl+S 组合键存储文件，命名为"D.S 标志"，如图 11-41 所示。

图 11-40

图 11-41

至此，完成 D.S Flower Studio Logo 的制作。

■ 11.2.2　制作 D.S Flower Studio 海报

完成 Logo 制作后，接下来便制作海报。下面将对海报的制作进行具体的介绍。

Step01 执行"文件"|"新建"命令，新建文档，如图 11-42 所示。

Step02 执行"文件"|"置入嵌入对象"命令，在弹出的"置入嵌入的对象"对话框中置入"花束.jpg"图像，如图 11-43 所示。

Step03 按 Ctrl+'' 组合键，显示网格，如图 11-44 所示。

图 11-42

图 11-43

图 11- 44

Step04 选择矩形工具，绘制四分之三的矩形，如图 11-45 所示。

Step05 将"花束"图层移至"矩形 1"图层上方，如图 11-46 所示。

Step06 按 Ctrl+Alt+G 组合键创建剪贴蒙版，如图 11-47 所示。

图 11-45　　　　　　　　　　图 11-46　　　　　　　　　　图 11-47

Step07　按 Ctrl+T 组合键自由变换图形，按住 Shift 键等比例放大，并放置在合适位置，如图 11-48
所示。

Step08　在"图层"面板底端单击"创建新的填充或调整图层"按钮 ●.，在弹出的下拉菜单中选择"曲
线"命令创建调整图层，按 Ctrl+Alt+G 组合键创建剪贴蒙版，如图 11-49 所示。

Step09　在"属性"面板中调整参数，如图 11-50 所示。

图 11-48　　　　　　　　　　图 11-49　　　　　　　　　　图 11-50

Step10　在"图层"面板底端单击"创建新的填充或调整图层"按钮 ●.，在弹出的下拉菜单中选择"色
相 / 饱和度"命令创建调整图层，按 Ctrl+Alt+G 组合键创建剪贴蒙版，在"属性"面板中调整参数，
如图 11-51 所示。

Step11　在"图层"面板底端单击"创建新的填充或调整图层"按钮 ●.，在弹出的下拉菜单中选择"色
彩平衡"命令创建调整图层，按 Ctrl+Alt+G 组合键创建剪贴蒙版，在"属性"面板中调整参数，如
图 11-52 所示。

Step12　调整后的图像如图 11-53 所示。

Step13　执行"文件" |"打开"命令，在弹出的"打开"对话框中选择"D.S 标志"文件，单击"打开"
按钮，如图 11-54 所示。

Step14　按住 Shift 键选择图层，鼠标右击，在弹出的快捷菜单中选择"链接图层"命令，如图 11-55
所示。

图 11-51　　　　　　　　　　图 11-52　　　　　　　　　　图 11-53

图 11-54　　　　　　　　　　　　　　　图 11-55

Step15 单击"图层"面板底端的"创建新组"按钮 ▭ ，双击"组 2"重命名为"标志"，如图 11-56 所示。

Step16 选择"标志"组，长按鼠标左键将其拖至"海报"文档中，如图 11-57 所示。

Step17 释放鼠标，按 Ctrl+T 组合键自由变换图形，按住 Shift 键等比例放大，并放置在合适位置，如图 11-58 所示。

图 11-56　　　　　　　　　　图 11-57　　　　　　　　　　图 11-58

Step18 设置前景色为白色，选择直排文字工具，输入"'我有鲜花，你有故事吗？'"，如图 11-59 所示。

Step19 单击"图层"面板底端的"添加图层样式"按钮，在弹出的"图层样式"对话框中勾选"投影"复选框（颜色为 #c4edde），如图 11-60 所示。

图 11-59

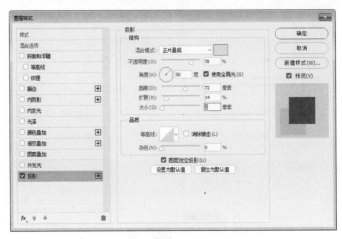

图 11-60

Step20 单击"确定"按钮，调整后的图像如图 11-61 所示。

Step21 按 Ctrl+' 组合键隐藏网格，按 Ctrl+J 组合键，连续复制 5 次，如图 11-62 所示。

Step22 按住 Shift 键选择文字图层，鼠标右击，在弹出的快捷菜单中选择"链接图层"命令，单击"图层"面板底端的"创建新组"按钮 □，双击"组 2"重命名为"文字"，如图 11-63 所示。

图 11-61

图 11-62

图 11-63

Step23 设置前景色为 #1fab89，选择横排文字工具，拖曳出一个文本框，在文本框中输入文字，如图 11-64 所示。

Step24 在属性栏中单击"切换字符和段落面板" □ 按钮，弹出"段落"面板，设置参数，如图 11-65 所示。

Step25 选择"D.S Flower Studio 定制专属你的鲜花故事"文字，如图 11-66 所示。

图 11-64	图 11-65	图 11-66

Step26 单击属性栏中的颜色按钮 ■，在弹出的"拾色器"对话框中输入颜色色值 #f6416c，单击"提交当前编辑"按钮 ✓ 即可，效果如图 11-67 所示。

Step27 选择矩形工具，绘制矩形，设置填充颜色为 #c4edde，如图 11-68 所示。

Step28 将"矩形 2"图层移至文字图层下方，如图 11-69 所示。

图 11-67	图 11-68	图 11-69

ACAA课堂笔记

Step29 移动矩形位置，如图 11-70 所示。

Step30 按 Ctrl+J 组合键复制"矩形 2"图层，向下移动矩形，按 Ctrl+T 组合键自由变换图形，当出现双箭头 ↔ 时向左拉，按 Enter 键结束调整，如图 11-71 所示。

图 11-70 图 11-71

Step31 选择横排文字工具，选中"大声……很容易"文字部分，在属性栏中单击"文本左对齐"按钮 ≡，单击"提交当前编辑"按钮 ✓ 即可，如图 11-72 所示。

Step32 最终效果如图 11-73 所示。

图 11-72 图 11-73

至此，完成 D.S Flower Studio 海报的制作。

第<12>章 ————

宣传画册设计

内容导读

　　画册的身影常常出现在生活的方方面面，是主要的展示宣传手段。画册按照用途和作用一般分为形象画册、宣传画册、产品画册、年报画册和折页画册等，不同的画册风格有所不同，但最终都是要对设计对象进行精准、全面的表达。

学习目标

　　➤　了解宣传画册的相关知识；

　　➤　掌握宣传画册的视觉设计要素；

　　➤　掌握宣传画册的制作方法与技巧。

12.1 宣传画册的特点

宣传画册是一种经济、便捷的宣传载体。它多以发放的方式派送到消费者手里，不受时间和地域的限制，既可针对短期内的产品促销或服务活动信息进行宣传，还可以做成精致的单页或折页效果，使其具有收藏性，达到长期收藏的效应，如图 12-1 和图 12-2 所示。

图 12-1

图 12-2

宣传画册设计包含的内容非常广泛，相对一般书籍来说，宣传画册设计不但包括封面封底的设计，还包括环衬、扉页、内文版式等。从宣传画册的开本、字体选择到目录和版式的变化，从图片的排列到色彩的设置，从材质的挑选到印刷公益的求新，都需要做出整体的考虑和规划，然后合理地将设计要素融合在一起，服务于内容。

宣传画册可以达到全面、翔实的效果和定向的宣传目的，具有较强的针对性和独立性。

1．针对性

宣传画册是一个完整的宣传形式，针对销售季节或流行期；针对有关企业和人员；针对展销会和洽谈会；针对购买货物的消费者进行邮寄、分发、赠送，目的就是扩大企业和商品的知名度，推销产品和加强购买者对商品的了解，强化广告作用。

2．独立性

宣传画册自成一体，不需要借助其他媒体，不受其他媒体的宣传环境、公众特点、版面、印刷、纸张等限制。

12.2 宣传画册的开本与纸张

为了使设计的宣传画册更加合情合理、美观大方，需要掌握宣传画册的开本和纸张知识。

1．开本

我们把一张按国家标准分切好的原纸称为全开，目前最常用的印刷正文纸有：787×1092mm 和 889×1194mm 两种。把纸张切成幅面相等的 16 小页称为 16 开，切成 32 小页的称为 32 开，等等。787×1092mm 切开的纸张为正度纸张；889×1194mm 切开的纸张为大度纸张。

开本按照尺寸的大小，通常分为大型开本、中型开本和小型开本三种类型。以787×1092mm的纸来说，12开以上的为大型开本，16开到36开为中型开本，40开以下为小型开本，但以文字为主的书籍一般为中型开本。开本形状除6开、12开、20开、24开、40开近似正方形外，其余均为比例不等的长方形，分别适应于性质和用途不同的各种画册。

画册在出图时，如果是正反面印刷，页数要求是4的倍数，但这只是针对页码不多的骑马装订方式，如图12-3所示。如果页数较多，一般会采用背胶装订方式，如图12-4所示，就不用考虑页数。

图 12-3   图 12-4

2．纸张

印刷画册的常规纸有两种：铜版纸和哑粉纸。

（1）铜版纸。

铜版纸光泽度好，主要用于印刷书刊和插画、彩色画册、各种精美的商品广告、样本、商品包装和商标等。

（2）哑粉纸。

价格较高，但比较硬，不像铜版纸容易变形，印刷的图案虽然没有铜版纸色彩鲜艳，但比铜版纸更加细腻、有质感。

这两种纸张的印刷需留出血线3mm。另外一些画册和样本会采用更高档的特种纸（例如带纹理的和有本身带有颜色的纸）进行印刷，这种成本高，不属于常规印刷。

12.3 宣传画册的视觉设计要素

下面以文字要素、图形要素和色彩要素三方面对宣传画册的视觉设计要素进行介绍。

1．文字要素

文字作为宣传画册中的重要视觉要素，首先要具有可读性。在具体运用中，不同的字体变化，会带来不同的视觉感受。优秀、恰当的文字排版设计可以增强视觉效果，并且使版面具有个性化。

（1）文字内容要便于识别。

在宣传画册设计中，遵循的重要原则之一就是字体的选择与运用，要便于识别、容易阅读、不能盲目追求效果而使文字失去最基本的信息传达功能。尤其是改变字体形状和结构，运用特殊效果或选用书法体、手写体时，更要注意其识别性。

（2）文字描述要符合诉求。

在选择字体时，要注意符合诉求的目的。因为不同的字体具有不同的性格特征，所以不同内容、风格的宣传画册设计就要求有不同的字体设计定位：或严肃、或活泼、或古典、或现代。总之，就是要从主题内容出发，选择在形态上或象征意义上与传达内容相吻合的字体。

（3）文字版面要求统一。

在整本的宣传册中，字体的变化不宜过多，要注意所选字体之间的和谐统一。标题或提示性的文字可适当变化，内部文字字体要风格统一。文字的排版要符合人们的阅读习惯，例如每行的字数不宜过多，要选用适当的字距与行距，也可用不同的字体排版风格制作出新颖的版面效果，给读者带来不同的视觉感受。

2. 图形要素

图形是一种视觉语言，它可以用形象和色彩来直观地传播信息、观念以及交流思想。它是人类通用的视觉符号、能超越国界、排除语言障碍并进入各个领域与人们进行交流与沟通。在宣传画册设计中，图形的运用可起到多种作用。

（1）图形的注目效果。

利用图形的视觉效果可以有效地吸引读者的注意力，这种瞬间产生的强烈的"注目效果"，只有图形可以实现。

（2）图形的可读效果。

好的图形设计可准确地传达主题思想，使读者更易于理解和接受它所传达的信息。

（3）图形的诱导效果。

图形表现的手法多种多样。传统的各种绘画、摄影手法可产生面貌、风格各异的圈形图像。通过图形猎取读者的好奇心，使读者被图形吸引，进而将视线引至文字。

无论用什么手段表现，图形的设计都可以归纳为具象和抽象两个范畴。其中，具象的图形可以表现对象的具体形态，同时也能表现出足够的意境，具有真实感，可以直观真实地传达形态美、质地美和色彩美等，容易从视觉上使人们产生兴趣与欲求，从心理上得到人们的信任。尤其是一些具有精美外观的产品，常运用真实的图片通过细致的设计制作给人带来赏心悦目的感受。

3. 色彩要素

色彩是宣传册设计的诸多要素中一个重要组成部分。在设计中合理地运用色彩，可以制造气氛、烘托主题、强化版面的视觉冲击力，直接引起人们注意力与情感上的反应。

宣传画册的色彩设计应该从整体出发，注重各构成要素之间色彩关系的整体统一，以形成能充分体现主题内容的基本色调，然后再进一步考虑色彩的明度、色相、纯度等因素的对比与调和关系。对于主题色调的准确把握，可帮助读者形成整体印象，更好地理解主题。

此外，在运用色彩的过程中，既要注意典型的共性表现，也要表达自己的个性。如果所用色彩过于雷同，视觉冲击力就会减弱甚至消失。要根据表现的内容或产品特点，努力营造出新颖、独特的色彩风格，在设计时打破各种常规或习惯用色的限制，养成勇于探索的习惯。

总之，宣传画册色彩的设计既要从宣传品的内容和产品的特点出发，要有一定的共性，要在同类设计中标新立异，又要有独特的个性。这样才能加强识别性和记忆性，达到良好的视觉效果。

12.4 画册设计欣赏

下面是一些不同风格的画册设计，可以作为日常学习参考，如图 12-5 ～图 12-9 所示。

图 12-5

图 12-6

图 12-7

图 12-8

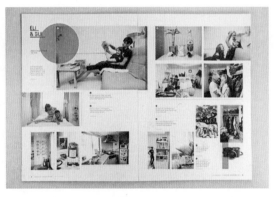

图 12-9

12.5 制作甜点宣传画册

本节将以甜点宣传画册设计为例展开介绍。

12.5.1 制作宣传画册封面

画册分为封面封底和内页两个部分。设计前先大致构思一下，封面用钢笔工具绘制不规则的形状并填充甜点照片作为主背景，棕色为封底，再搭配简单的宣传文字。下面将对宣传画册封面的制作进行具体的介绍。

Step01 启动 Photoshop CC 2018 软件，新建文档，如图 12-10 所示。

Step02 执行 5 次"视图"|"新建参考线"命令，在弹出的"新建参考线"对话框中设置参数，单击"确

定"按钮，如图 12-11 所示。

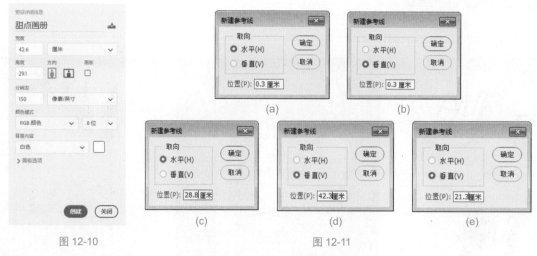

图 12-10   图 12-11

Step03 按 Ctrl+''组合键，显示网格，如图 12-12 所示。

Step04 新建"图层 1"，选择钢笔工具进行绘制，闭合路径后鼠标右击，从弹出的快捷菜单中选择"填充路径"命令，在弹出的"填充路径"对话框的"内容"下拉列表中选择"颜色"命令，弹出"拾色器（前景色）"对话框，设置颜色参数，如图 12-13 所示。单击"确定"按钮即可。

图 12-12

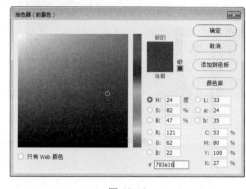

图 12-13

Step05 按 Ctrl+Enter 组合键建立选区，按 Ctrl+D 组合键取消选区，效果如图 12-14 所示。

Step06 执行"文件"|"置入嵌入对象"命令，在弹出的面板中置入"cake.jpg"，如图 12-15 所示。

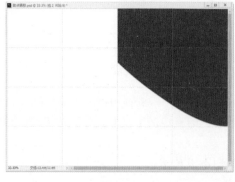

图 12-14

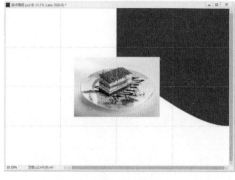

图 12-15

Step07 按 Ctrl+Alt+G 组合键创建剪贴蒙版，按 Ctrl+T 组合键自由变换图形，按住 Shift 键等比例放大，如图 12-16 所示。

Step08 按 Ctrl+J 组合键连续复制"图层 1"两次，如图 12-17 所示。

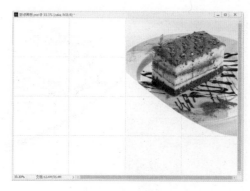

<table>
<tr><td>图 12-16</td><td>图 12-17</td></tr>
</table>

Step09 按住 Shift 键选择"图层 1"和"图层 1 拷贝"图层，向下移动，如图 12-18 所示。

Step10 双击"图层 1 拷贝"缩览图，在弹出的"图层样式"对话框中勾选"颜色叠加"复选框，打开"颜色叠加"选项设置界面，设置参数，如图 12-19 所示。单击"确定"按钮即可。

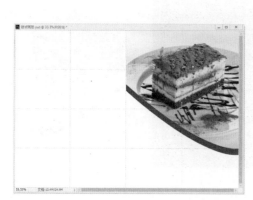

<table>
<tr><td>图 12-18</td><td>图 12-19</td></tr>
</table>

Step11 选择"图层 1 拷贝"，向上移动，如图 12-20 所示。

Step12 选择"图层 1"，按 Ctrl+T 组合键自由变换图形，按住 Shift 键进行调整，单击"确定"按钮即可，如图 12-21 所示。

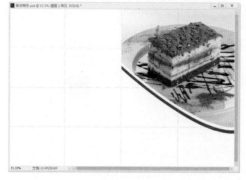

<table>
<tr><td>图 12-20</td><td>图 12-21</td></tr>
</table>

Step13 按住 Shift 键选择除"背景"图层以外的全部图层，单击"图层"面板底端的"创建新组"按钮▢，如图 12-22 所示。

Step14 选择矩形工具绘制，设置填充颜色为 #793e16，如图 12-23 所示。

图 12-22　　　　　　　　　　　　　图 12-23

Step15 选择横排文字工具，输入两组文字"Sweet"和"烘焙工坊"，如图 12-24 所示。

Step16 按住 Shift 键选择两个文字图层，按 Ctrl+J 组合键连续复制，按住 Shift 键选中"Sweet 拷贝 2"图层~"烘焙工坊 拷贝"图层并向下移动，如图 12-25 所示。

图 12-24　　　　　　　　　　　　　图 12-25

Step17 按住 Shift 键选择"Sweet 拷贝"图层和"烘焙工坊 拷贝"图层，按 Ctrl+E 组合键合并图层，如图 12-26 所示。

Step18 双击"Sweet 拷贝"图层缩览图，在弹出的"图层样式"对话框中勾选"描边"复选框，打开"描边"选项设置界面，设置参数（颜色为白色），如图 12-27 所示。

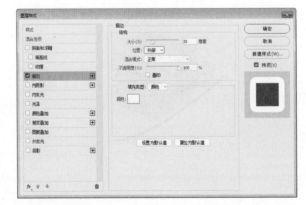

图 12- 26　　　　　　　　　　　　　图 12-27

Step19 按住 Shift 键选择"Sweet 拷贝 2"图层 ~ "Sweet 拷贝"图层，单击"图层"面板底端的"链接图层"按钮 ∞，并移动到合适位置，如图 12-28 所示。

Step20 单击"图层"面板底端的"创建新组"按钮 □，双击重命名，如图 12-29 所示。

图 12-28　　　　　　　　　　　　　　图 12-29

Step21 选择自定义形状工具，在"形状"下拉列表中选择形状，按住 Shift 键绘制图形，设置填充颜色为 #db8258，如图 12-30 所示。

Step22 选择横排文字工具输入文字，并选中"视觉"文字，如图 12-31 所示。

图 12-30　　　　　　　　　　　　　　图 12-31

Step23 单击属性栏中的"切换字符面板"按钮 国，在弹出的"字符"面板中，单击"颜色"选框，在弹出的"拾色器（文本颜色）"对话框中设置颜色，如图 12-32 所示。单击"确定"按钮即可。

Step24 选中"味觉"文字，在"字符"面板中，单击"颜色"选框，在弹出的"拾色器（文本颜色）"对话框中设置颜色为 #a41e21，如图 12-33 所示。

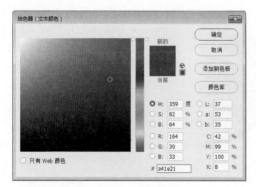

图 12-32　　　　　　　　　　　　　　图 12-33

Step25 选中"味觉"文字，设置字体大小为32点；选中"视觉"文字，设置字体大小为32点，单击"提交当前编辑"按钮 ✓，如图 12-34 所示。

Step26 输入文字，并选中"'心'"，如图 12-35 所示。

图 12-34   图 12-35

Step27 设置字体颜色为 #a41e21，字体大小为 30 点，单击 "提交当前编辑" 按钮 ✓，如图 12-36 所示。

Step28 选择横排文字工具，设置颜色为白色，字体大小为 15 点，输入两组文字，选中两个文字图层，单击属性栏中的"水平居中对齐"按钮 ✦，如图 12-37 所示。

图 12-36   图 12-37

Step29 按 Ctrl+R 组合键显示标尺，新建参考线，调整位置，如图 12-38 所示。

Step30 选中全部图层，单击"图层"面板底端的"创建新组"按钮 ▭，双击重命名，并单击"封面与封底"组前面的 ◉ 按钮隐藏组，如图 12-39 所示。

图 12-38   图 12-39

12.5.2　制作宣传画册内页

完成封面制作后，接下来就可制作内页。下面将对内页的制作进行具体的介绍。

Step01 选择矩形工具进行绘制，如图 12-40 所示。

Step02 执行"文件"|"置入嵌入对象"命令，在弹出的"置入嵌入的对象"对话框中置入"冰蓝甜甜圈 .jpg"图像，如图 12-41 所示。

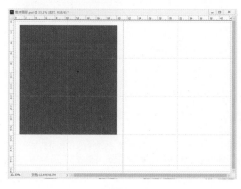
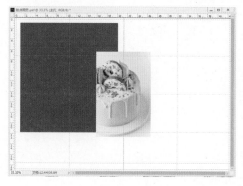

图 12-40　　　　　　　　　　　　　　　　图 12-41

Step03 按 Ctrl+Alt+G 组合键创建剪贴蒙版，按 Ctrl+T 组合键自由变换图形，按住 Shift 键等比例放大，如图 12-42 所示。

Step04 选择横排文字工具，输入"明星产品"文字，并在"字符"面板中设置参数，如图 12-43 所示。

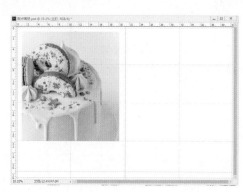

图 12-42　　　　　　　　　　　　　　　　图 12-43

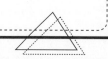

ACAA课堂笔记

Step05 设置前景色为 # ecb38f，选择矩形工具进行绘制，如图 12-44 所示。

Step06 选择横排文字工具，设置字体大小为 25 点，字体颜色为 #db8258，输入"冰蓝甜甜圈"文字，如图 12-45 所示。

图 12-44　　　　　　　　　　　　　　　　图 12-45

Step07 设置字体大小为 15 点，在"字符"面板中单击取消"加粗" T 效果，输入"四寸：¥88"文字，如图 12-46 所示。

Step08 选中该图层，按住 Alt 键的同时在图像编辑窗口中使用移动工具向右移动，复制出 2 个图层，如图 12-47 所示。

图 12-46　　　　　　　　　　　　　　　　图 12-47

Step09 修改文字内容，在属性栏中单击"水平居中分布"按钮 ⬌ 和"垂直居中对齐" 按钮 ⬍，如图 12-48 所示。

Step10 选择矩形工具进行绘制，设置填充颜色为 # db8258，按住 Alt 键的同时在图像编辑窗口中使用移动工具向右移动，复制出 2 个图层，如图 12-49 所示。

 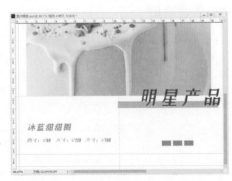

图 12-48　　　　　　　　　　　　　　　　图 12-49

Step11 选择"矩形 4 拷贝"图层，设置不透明度为 50%；选择"矩形 4 拷贝 2"图层，设置不透明度为 20%，如图 12-50 所示。

Step12 选择"矩形工具"，绘制两个矩形，填充颜色为 # db8258，如图 12-51 所示。

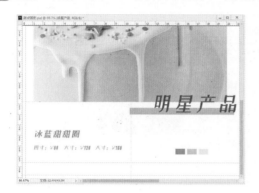

图 12-50

图 12-51

Step13 按住 Shift 键选择"矩形 5 拷贝"图层和"矩形 5"图层，按住 Alt 键向下移动，如图 12-52 所示。

Step14 执行"文件"|"置入嵌入对象"命令，在弹出的"置入嵌入的对象"对话框中置入"香蕉巧克力蛋卷 .jpg"图像，如图 12-53 所示。

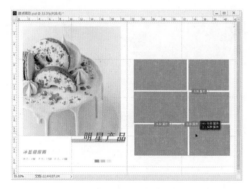

图 12-52

图 12-53

Step15 选择"香蕉巧克力蛋卷"图层向下移动，按 Ctrl+Alt+G 组合键创建剪贴蒙版，如图 12-54 所示。

Step16 按 Ctrl+T 组合键自由变换图形，按住 Shift 键等比例缩小，如图 12-55 所示。

图 12-54

图 12-55

Step17 参考步骤 13 至步骤 16，置入对象、创建剪切蒙版并调整至合适大小，如图 12-56 所示。

Step18 调整后的效果如图 12-57 所示。

图 12-56   图 12-57

Step19 选择横排文字工具，设置字体大小为 25 点，输入"01"文字，如图 12-58 所示。

Step20 按住 Alt 键的同时在图像编辑窗口中使用移动工具向下移动，复制出 3 个图层，按住 Shift 键选择"01"图层~"01 拷贝 2"图层，在属性栏中单击"垂直居中分布"按钮 ≑ 和"水平居中对齐"按钮 ➕，如图 12-59 所示。

图 12-58   图 12-59

Step21 按住 Alt 键的同时在图像编辑窗口中使用移动工具向右移动，如图 12-60 所示。

Step22 修改文字内容，如图 12-61 所示。

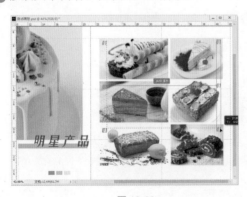 

图 12-60   图 12-61

Step23 新建参考线，选择横排文字工具，设置字体大小为 15 点，输入文字，如图 12-62 所示。

Step24 选择移动工具框选选中文字图层，如图 12-63 所示。

图 12-62

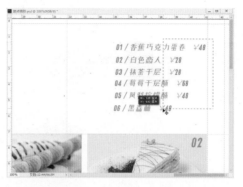
图 12-63

Step25 在属性栏中单击"垂直居中分布"按钮 ≝ 和"右对齐"按钮 ≡，并向下移动，如图 12-64 所示。

Step26 选择矩形工具，设置前景色为＃ecb38f，绘制矩形，如图 12-65 所示。

图 12-64

图 12-65

Step27 选择横排文字工具，设置字休大小为 15 点，字休颜色为＃793e16，输入文字，如图 12-66 所示。

Step28 选中除隐藏组以外的所有图层，单击"图层"面板底端的"创建新组"按钮 ▢，双击重命名，如图 12-67 所示。

图 12-66

图 12-67

Step29 按 Ctrl+；组合键，隐藏参考线；按 Ctrl+' '组合键，隐藏网格；按 Ctrl+R 组合键，隐藏标尺，最终效果如图 12-68 所示。

图 12-68

至此，完成甜点宣传画册的制作。

第 13 章

网站页面设计

内容导读

随着信息的多元化发展，互联网迅速成为一个崭新的具有巨大潜力的传播媒体，越来越多的人参与进来。吸引人们的不仅仅是传统内容的罗列，而是一个个风格统一、设计精美的网站页面。

学习目标

» 了解网页设计的相关知识；

» 掌握网页结构布局划分与设计要素；

» 掌握网页的制作方法与技巧。

13.1 网页的设计要素

在现代网络技术快速发展的阶段，网页设计已成为一门独立的技术，是一个全新的设计领域，也是平面设计在信息时代多元化发展的一个重要方向。在网页设计中，整体风格和色彩搭配是其两大要点。

1. 确定整体风格

在确定整体风格时要注意以下几点。

◎ 将标志 LOGO 尽可能放在每个页面上最突出的位置。
◎ 突出企业或宣传对象的标准色彩。
◎ 相同类型的图像采用相同效果。若标题文字采用阴影效果，那么在网站中出现的所有标题文字使用的阴影效果应完全一致。
◎ 具有标志性的且能反映网站精髓的宣传标语。

2. 网页的色彩搭配

网页的颜色选择可以有以下 3 种搭配形式。

◎ 选择一种颜色。这里的一种颜色是指先选定一种颜色，然后通过调整该颜色的透明度或饱和度，呈现出色调统一的图像效果，让画面具有层次感。
◎ 选择一个色系的颜色。如浅色系、棕色系、高级灰等。
◎ 选择两种颜色。选定一种颜色，然后选择它的对比色或互补色，让整个网页有整体和个别的对比或形成抢眼的视觉效果，彰显个性。

在网页配色中，除了以上两点，还有一些要注意的，比如颜色要使用 RGB 格式；网站的色彩一般要控制在 3 ～ 5 种以内，不用太多，以免给人花哨杂乱的感觉；背景和前文的对比尽量大一些，以便突出主要文字内容，切忌使用花纹繁复的图案作背景。

13.2 网页的版式设计

在进行网页设计时，首先根据网站的目的及用户环境，设计出一个较好的版式。另外要考虑到页面的可读性，将页面中的各个构成要素合理有序地排列起来，高效运用有限的空间。只有充分利用并有效分割有限的空间，创造出新的空间，并使其布局合理，才能做出优秀的网页。

网页的版式大致可分为骨骼型、对称型、分割型、满版型、中轴型、曲线型、倾斜型、三角型、焦点型和自由型等几种，下面就一些常用的网页布局进行介绍。

1. 骨骼型

骨骼型是一种规范的理性的分割方法。常见的骨骼有竖向通栏、双栏、三栏、四栏，以及横向通栏、双栏、三栏和四栏等。一般以竖向分栏为多，如图 13-1 所示。

2. 对称型

对称的版式给人稳定、庄重理性的感觉。对称分为绝对对称和相对对称。一般多采用相对对称，以避免过于严谨。对称一般以左右对称居多，如图 13-2 所示。

图 13-1   图 13-2

3. 分割型

分割型主要可以分成上下分割和左右分割两种。

上下分割，顾名思义，就是把整个版面分为上下两个部分。可以在上半部分或下半部分配置图片，另一部分则配置文案。上下部分配置的图片可以是一幅或多幅，如图 13-3 所示。

左右分割，就是把整个版面分割为左右两个部分，分别在左或右配置文案。当左右两部分形成强弱对比时，则造成视觉心理的不平衡。不过，若将分割线虚化处理，或用文字进行左右重复或穿插，则会使画面变得自然和谐，如图 13-4 所示。

图 13-3   图 13-4

4. 满版型

满版型通常是版面以图片充满整版，主要以图片为主，视觉传达直观而强烈。文字的配置在上下、左右或中部的图片上。

5. 中轴型

中轴型是将图片做水平或垂直方向的排列，文案以上下或左右配置。水平排列的版面会给人稳定、安静、和平与含蓄之感。垂直排列的版面给人强烈的动感，如图 13-5 所示。

6. 曲线型

曲线型就是将图片或文字在版面上进行曲线分割或编排构成的版面，给人一种韵律与节奏的美感，如图 13-6 所示。

<table>
<tr><td>图 13-5</td><td>图 13-6</td></tr>
</table>

7. 倾斜型

倾斜型将图片或文字做倾斜设计，给人一种动感的视觉效果，如图 13-7 所示。

8. 三角型

正三角型是最具安全稳定因素的形态，而倒三角型则给人以不稳定感，如图 13-8 所示。

图 13-7   图 13-8

9. 焦点型

焦点型通过对视线的诱导，使画面具有强烈的视觉效果，如图 13-9 所示。

10. 自由型

自由型结构是无规律的、随意的排版，充满创造力，如图 13-10 所示。

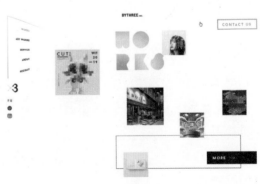

图 13-9   图 13-10

以上都是网页设计中常见的版式，每种版式并非一种表现方式，通常会多种版式进行融合，从而创造出独特的排版样式。

13.3 网页设计作品欣赏

下面是一些不同版式风格的网站设计，可以作为日常学习参考，如图 13-11 ～图 13-14 所示。

图 13-11

图 13-12

图 13-13

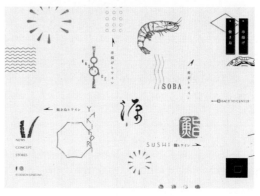

图 13-14

13.4 制作家居类网站首页

本节将以家居类网站首页的设计为例展开介绍。

13.4.1 制作网页主体部分

根据网页的设计要素，首先我们要确定整体风格，以蓝色为主色，简约大方。将使用骨骼型和分割型融合版式。下面将对网站首页的制作进行具体的介绍。

Step01 启动 Photoshop CC 2018 应用程序，新建一个文档，如图 13-15 所示。

Step02 按 Ctrl+ ' ' 组合键，显示网格；按 Ctrl+R 组合键，显示标尺，如图 13-16 所示。

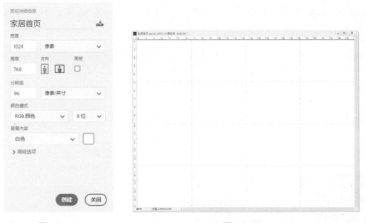

图 13-15   图 13-16

Step03 选择矩形工具绘制，设置填充颜色为 # bfbfbf，如图 13-17 所示。

Step04 执行"文件"|"置入嵌入对象"命令，在弹出的"置入嵌入的对象"对话框中置入"样板间 .jpg"图像，如图 13-18 所示。

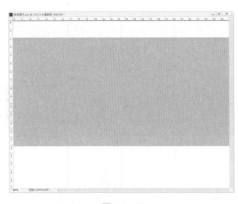 

图 13- 17   图 13-18

Step05 按 Ctrl+Alt+G 组合键创建剪贴蒙版，按 Ctrl+T 组合键自由变换图形，按住 Shift 键等比例放大，并锁定图层，如图 13-19 所示。

Step06 选择矩形工具，绘制填充为 ╱、描边为 20 像素、颜色为 #143977 的矩形，如图 13-20 所示。

 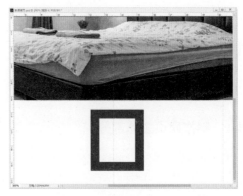

图 13-19   图 13-20

Step07 执行"窗口"|"属性"命令，在弹出的"属性"面板中，设置参数，如图 13-21 所示。

Step08 选择"直接选择工具" ▷，更改路径，单击拖动锚点，弹出提示对话框，单击"是"按钮，如图 13-22 所示。

图 13-21

图 13-22

Step09 单击移动锚点，调整完成后按 Enter 键，如图 13-23 所示。在"图层"面板中右击该图层，在弹出的快捷菜单中选择"栅格化图层"命令。

Step10 选择横排文字工具，设置字体大小为 20 点，输入文字，如图 13-24 所示。

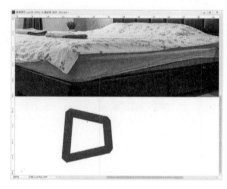

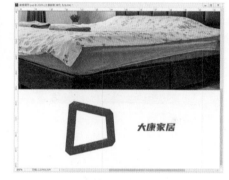

图 13-23

图 13-24

Step11 选择"矩形 2"图层，按 Ctrl+T 组合键自由变换图形，按住 Shift 键等比例缩小，并向右移动该图层，如图 13-25 所示。

Step12 在"图层"面板中，按住 Shift 键选择"矩形 2"图层和文字图层，单击属性栏中的"垂直居中对齐"按钮 ⬌，如图 13-26 所示。

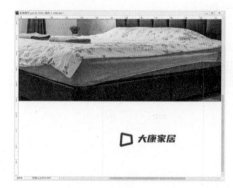

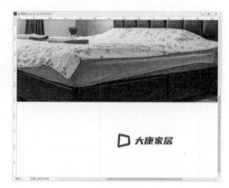

图 13-25

图 13-26

Step13 单击"图层"面板底端的"链接图层"按钮 ⊖，并移动到合适位置，如图 13-27 所示。

Step14 选择矩形工具，设置填充颜色为 #f8f8f8，将该图层移至底层，如图 13-28 所示。

图 13-27   图 13-28

Step15 选择横排文字工具，设置字体大小为 12 点，颜色为黑色，输入六组文字，如图 13-29 所示。

Step16 按住 Shift 键选中六个文字图层，单击属性栏中的"垂直居中对齐"按钮 ▆ 和"水平居中分布"按钮 ▆，如图 13-30 所示。

图 13-29   图 13-30

Step17 新建参考线，选择圆角矩形工具，绘制填充为 ╱、描边为 1 像素，颜色为黑色的圆角矩形，如图 13-31 所示。

Step18 新建图层，选择自定形状工具，在"形状"下拉列表中选择"搜索"选项，如图 13-32 所示。

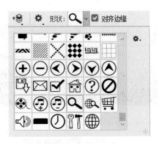

图 13-31   图 13-32

Step19 按住 Shift 键进行绘制，设置填充颜色为 #a0a0a0，并移动位置，如图 13-33 所示。

Step20 选择"横排文字工具"，设置字体大小为 6 点，颜色为 #a0a0a0，输入文字"你在找什么？"，如图 13-34 所示。

图 13-33　　　　　　　　　　图 13-34

Step21 新建参考线，选择圆角矩形工具，绘制填充颜色为 #143977 的圆角矩形，如图 13-35 所示。

Step22 将该图层移至"首页"图层下方，如图 13-36 所示。

图 13-35　　　　　　　　　　图 13-36

Step23 选择"首页"图层，单击属性栏中的色块按钮，在弹出的"拾色器"对话框中选择白色，单击"确定"按钮，如图 13-37 所示。

Step24 按 Ctrl+; 组合键，隐藏参考线；按 Ctrl+' 组合键，隐藏网格。选择移动工具框选文字图层，如图 13-38 所示。

图 13-37　　　　　　　　　　图 13-38

Step25 单击"图层"面板底端的"链接图层"按钮 ∞ 和"创建新组"按钮 ▢，双击重命名，如

图 13-39 所示。

Step26 选择椭圆工具，按住 Shift 键绘制正圆形，并按住 Alt 键的同时在图像编辑窗口中使用移动工
具向右移动，复制出 2 个图层，如图 13-40 所示。

图 13-39   图 13-40

Step27 按住 Ctrl 键，选择"椭圆 1"图层和"椭圆 1 拷贝 2"图层，更改填充颜色为白色，如图 13-41
所示。

Step28 选择圆角矩形工具，绘制填充颜色为 #143977 的圆角矩形，如图 13-42 所示。

图 13-41   图 13-42

Step29 按住 Alt 键的同时在图像编辑窗口中使用移动工具向下移动，复制出 3 个图层，如图 13-43 所示。

Step30 新建图层，选择椭圆工具，按住 Shift 键绘制正圆形，如图 13-44 所示。

图 13-43   图 13-44

Step31 新建图层，选择椭圆工具，按住 Shift 键绘制正圆形，如图 13-45 所示。

Step32 在工具箱中选择直接选择工具，单击锚点，按 Delete 键，弹出提示对话框，如图 13-46 所示。

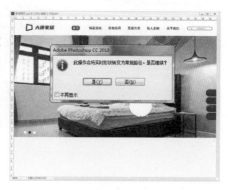

图 13-45   图 13-46

Step33 单击"是"按钮，移动该图层，按住 Shift 键单击"椭圆 2"图层，在属性栏中单击 "水平居中对齐" 按钮 ⊕，如图 13-47 所示。

Step34 按 Ctrl+E 组合键合并图层，向上移动该图层，新建参考线，如图 13-48 所示。

图 13-47   图 13-48

Step35 新建图层，选择自定形状工具，设置填充颜色为白色，在"形状"下拉列表中选择"购物车"选项，如图 13-49 所示。

Step36 按住 Shift 键进行绘制，如图 13-50 所示。

图 13-49   图 13-50

Step37 选择椭圆工具绘制两个半圆（参考 Step30~ Step32），如图 13-51 所示。

Step38 设置前景色为白色，选择画笔工具，设置参数，如图 13-52 所示。

图 13-51　　　　　　　　　　图 13-52

Step39 选择钢笔工具进行绘制，如图 13-53 所示。

Step40 鼠标右击，在弹出的快捷菜单中选择"描边路径"命令，在弹出的"描边路径"对话框中选择画笔工具，单击"确定"按钮，如图 13-54 所示。

图 13-53　　　　　　　　　　图 13-54

Step41 按 Ctrl+Enter 组合键建立选区，按 Ctrl+D 组合键取消选区，并向上移动该图层，如图 13-55 所示。

Step42 新建图层，绘制图形（重复步骤 39 至步骤 41），如图 13-56 所示。

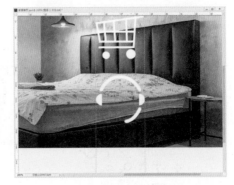

图 13-55　　　　　　　　　　图 13-56

Step43 选择椭圆工具，绘制椭圆，如图 13-57 所示。

Step44 按住 Shift 键选择图层，如图 13-58 所示。

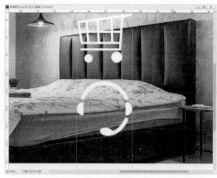

图 13-57 图 13-58

Step45 按 Ctrl+E 组合键合并图层，如图 13-59 所示。

Step46 新建图层，选择自定形状工具，在"形状"下拉列表中选择"箭头 13"选项，如图 13-60 所示。

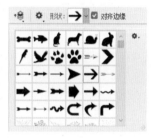

图 13-59 图 13-60

Step47 按住 Shift 键进行绘制，如图 13-61 所示。

Step48 按 Ctrl+T 组合键自由变换图形，鼠标右击，在弹出的快捷菜单中选择"逆时针旋转 90 度"命令，将其拖动到参考线内，按住 Shift 键等比例放大，按 Enter 键，如图 13-62 所示。

图 13-61 图 13-62

Step49 按住 Shift 键选择图层，按 Ctrl+T 组合键自由变换图形，如图 13-63 所示。

Step50 按住 Shift 键等比例缩小，按 Enter 键结束调整，并移动到合适位置，如图 13-64 所示。

图 13-63

图 13-64

Step51 按住 Shift 键选择图层，单击"图层"面板底端的"链接图层"按钮 ⊖，如图 13-65 所示。

Step52 单击"图层"面板底端的"创建新组"按钮 □，双击重命名，如图 13-66 所示。完成图层面板的整理工作。

图 13-65

图 13-66

至此，完成网页主体部分的制作。

13.4.2 制作网页底部浏览展示区

上一节介绍了网页上半部分效果的制作，接下来将介绍底部效果展示区域的制作，具体操作过程如下。

Step01 选择圆角矩形工具，绘制填充颜色为 #143977 的矩形，如图 13-67 所示。

Step02 选择直排文字工具，输入文字，如图 13-68 所示。

图 13-67

图 13-68

Step03 设置前景色为黑色，选择矩形工具，绘制矩形，按住 Alt 键的同时在图像编辑窗口中使用移动工具向下移动，复制出 3 个图层，如图 13-69 所示。

Step04 按住 Shift 键选中四个矩形所在的图层，单击属性栏中的"垂直居中对齐"按钮 ⬛ 和"水平居中分布"按钮 ⬛，如图 13-70 所示。

图 13-69

图 13-70

Step05 执行"文件"|"置入嵌入对象"命令，在弹出的"置入嵌入的对象"对话框中置入"客厅 .jpg"图像，如图 13-71 所示。

Step06 按 Ctrl+Alt+G 组合键创建剪贴蒙版，如图 13-72 所示。

Step07 按 Ctrl+T 组合键自由变换图形，按住 Shift 键等比例缩小，如图 13-73 所示。

图 13-71

图 13-72

图 13-73

Step08 参考步骤 5 至步骤 7，置入对象、创建剪切蒙版并调整至合适大小，如图 13-74 所示。

Step09 调整后的效果如图 13-75 所示。

图 13-74

图 13-75

Step10 单击"矩形 1"图层和"样板间"图层后的"指示图层全部锁定"按钮 🔒，解锁图层，如图 13-76 所示。

Step11 选择"样板间"图层，向下调整，如图 13-77 所示。

图 13-76   图 13-77

Step12 选择移动工具，框选图层，并向右调整，如图 13-78 所示。

Step13 按 Ctrl+；组合键，隐藏参考线；按 Ctrl+R 组合键，隐藏标尺，最终效果如图 13-79 所示。

图 13-78   图 13-79

至此，完成家居类网站首页的制作。

Adobe Photoshop CC 课堂实录